现代建筑施工技术管理与研究

周 乐 唐 韬 陈晓航 著

吉林科学技术出版社

图书在版编目（CIP）数据

现代建筑施工技术管理与研究 / 周乐，唐韬，陈晓航著． -- 长春：吉林科学技术出版社，2023.3
ISBN 978-7-5744-0208-9

Ⅰ．①现… Ⅱ．①周… ②唐… ③陈… Ⅲ．①建筑施工—技术管理—研究 Ⅳ．① TU712

中国国家版本馆 CIP 数据核字（2023）第 061603 号

现代建筑施工技术管理与研究

著　者	周　乐　唐　韬　陈晓航
出 版 人	宛　霞
责任编辑	赵维春
封面设计	树人教育
制　版	树人教育
幅面尺寸	185mm×260mm
开　本	16
字　数	230 千字
印　张	10.625
版　次	2023 年 3 月第 1 版
印　次	2023 年 3 月第 1 次印刷
出　版	吉林科学技术出版社
发　行	吉林科学技术出版社
地　址	长春市南关区福祉大路 5788 号出版大厦 A 座
邮　编	130118

发行部电话／传真　0431—81629529　　81629530　　81629531
　　　　　　　　　　81629532　　81629533　　81629534

储运部电话　0431—86059116

编辑部电话　0431—81629520

印　　刷　廊坊市广阳区九洲印刷厂

书　　号　ISBN 978-7-5744-0208-9

定　　价　70.00 元

前　言

　　随着时代的发展变革，建筑业也随之发生着巨大的变化，如何在保证建筑产品安全性、耐久性、适用性的基础上更加节约成本、效率更高，一直以来都是行业从事者致力研究的课题。"科技是第一生产力"，通过技术的创新、应用毫无疑问是解决发展困境的最佳方法，事实证明，建筑业的企业正在通过技术的力量完成品牌形象建设、成本节约、效率提升，特别是大型企业在这方面做出了耀眼的的成绩。

　　随着我国经济水平不断提高，城镇化速度的不断加快，建筑市场的规模也不断扩大。在竞争十分激烈的市场环境中，建筑企业要想在竞争中脱颖而出，就不能仅仅依靠"量"来取胜，而是要达成"质"的提升。

　　施工技术管理贯穿于工程实施的全周期，在项目施工管理中占据着特别重要的地位，是项目的进度、成本、质量、安全等目标实现无法忽视的影响因素，因此提高施工技术管理水平对建筑企业来说非常重要。建筑业信息化发展是国家导向，也是建筑业发展的必然趋势。计算机信息技术在施工技术管理中的应用对创新施工技术管理手段、提高管理水平具有重要意义。

　　建筑工程施工技术管理作为企业管理的重要内容，其管理工作的到位直接影响着建筑工程质量的提升等多方面，因而，作为建筑工程的施工企业应充分注重技术管理、提高其自身的施工管理水平。随着我国对基础建设的大规模投入建筑业作为国家重要产业之一，各相关企业的市场前景变得相当广阔，而建筑施工企业之间的市场争夺战异常剧烈。施工技术管理工作是施工企业管理的重要组成部分之一。因此，必须加强建筑工程施工技术管理控制。

　　建筑工程施工技术管理主要是通过科学地组织各项技术工作，通过科学技术的进步，确保工程项目的施工和管理工作能够按质如期地完成，提高经济效益和社会效益。建筑施工技术管理工作的主要任务是运用管理的职能与科学的方法，促进技术工作的开展，在旅工中严格按照国家的技术政策、法规和上级主管部门有关技术工作的指标与规定，科学地组织各项技术工作，建立良好的技术秩序，保证整个生产过程符合技术规范、规程，符合技术规律的要求，以达到高质量地全面完成施工任务的目的。

目 录

第一章　地基基础施工技术管理

土方工程是建筑工程施工的主要工程之一，包括土方的挖掘、填筑和运输等过程，以及排水、降水、土壁支撑等准备工作和辅助工程。在建筑工程当中，常见的土方作业有：场地平整，基坑、基槽与管沟的开挖与土方回填，人防及地下建筑物的土方开挖与回填、地坪填土与碾压、路基填筑，等等。

随着城市建设的高速发展，高层建筑及市政工程大量涌现。高层建筑的建造、大型市政设施的施工及人防地下空间的开发，必然会有大量的基坑工程产生，基坑工程根据场地条件、施工、开挖方法，可以分为无支护（放坡）开挖与有支护开挖。

第一节　无支护土方施工技术

一、基坑工程特征

（1）建筑趋向高层化，基坑向大深度方向发展；

（2）基坑开挖面积大，长度与宽度有的达数百米，给支撑系统带来了较大的难度；

（3）在软弱的土层中，基坑开挖会产生较大的位移和沉降，对周围建筑物、市政设施和地下管线造成影响；

（4）深基坑施工工期长、场地狭窄、降雨和重物堆放等对基坑稳定性不利；

（5）在相邻场地的施工中，打桩、降水、挖土及基础浇筑混凝土等工序会相互制约，相互影响，增加了协调工作的难度。

对于有支护结构的基坑土方开挖，其开挖的顺序、方法等必须与设计工况保持相一致，遵循"开槽支撑、先撑后挖、分层开挖、严禁超挖"的原则。

基坑开挖按其坑壁结构可分为放坡开挖、内支撑支护开挖、拉锚支护开挖和无支撑支护开挖。按基坑内地下水位情况可分软底开挖和硬底开挖。

（1）放坡开挖

当基坑深度较浅，周围无紧邻的重要建筑，地下管线明晰以及地基土质较好时，可采用放坡开挖。由于深度小，挖土机械可以一次开挖至设计标高，软底基坑可采用反铲挖土机配合运土卡车在地面作业，地下水位较低的硬底开挖，可促使运土卡车下坑，用正铲挖土机在坑底作业。

（2）无支撑支护基坑开挖

水泥土搅拌桩重力式挡墙支护结构，基坑深度在 5~6m 以内，仍采用反铲挖土机配合运土卡车在地面作业。由于采用止水帷幕的基坑，地下水位一般都比较高，因此，很少使用正铲挖掘机下坑挖土作业的方案。

（3）内支撑支护基坑开挖

在基坑深度大、地下水位高、周围环境不允许拉锚的情况下，通常采用内支撑形式。土方开挖的施工工艺必须与支撑结构形式、平面布置相配套并必须先撑后挖。如采用周边桁架支撑形式，可采用岛式挖土方案，先挖去周边土层，进行桁架式支撑结构的架设或浇筑，等待周边支撑形成后再开挖中间岛区的土方；当采用十字对撑式支撑时，由于支撑设置后会对下层土方开挖的机械化作业产生一定的限制，所以常采用盆式开挖的施工方案，使用的机械一般为反铲和抓铲挖掘机。

（4）动性拉锚支护基坑开挖

当周围环境和地质条件允许采用进行拉锚的支护结构时，基坑内的挖土作业条件比较宽敞。一般按照锚杆设置位置进行分层开挖，每层开挖深度需满足锚杆施工机械的作业，施工过程可进行各种优化，配置挖土及运土机械。

二、无支护土方

（一）土的工程分类

土的种类繁多，其工程性质直接影响土方工程施工方法的选择、劳动量的消耗和工程的费用。只有根据工程地质勘察报告，充分了解各层土的工程特性及其对土方工程的影响，才能选择正确的施工方法。

按照土的开挖难易程度，将土分为松软土、普通土、坚土、砂砾坚土、软石、次坚石、坚石、特坚石等八类。

（二）土的工程性质

土的工程性质对土方工程的施工方法及工程虽大小有直接影响，其基本的工程性质如下：

1. 土的可松性

自然状态下的土，经过开挖后，其体积因松散而增加，以后虽然经过回填压实，仍不能恢复到原来的体积，这种性质称为土的可松性。

土的可松性程度用可松性系数来表示。自然状态土经开挖后的松散体积与原自然状态下的体积之比，称为最初可松性系数（Ks）；土经回填压实后的体积与原自然状态下的体积之比，称为最后可松性系数（K′s）。由于土方工程量是以自然状态下土的体积来计算的，所以土的可松性对场地平整、基坑开挖土方量的计算与调配、土方挖掘机械与运输机械数量的计算等会产生很大影响，施工中无法忽视。在土方工程中，Ks 是计算土方机械及运土车辆等的重要参数，K′s 是计算场地平整标高和填方时所需挖土量等的重要参数。

2. 土的含水量

土的含水量是土中水的质量与土中土颗粒的质量之比。它表示土的干湿程度。我们将含水量 $\omega \leq 5\%$ 的土叫作干土；$\omega \geq 30\%$ 的土叫作湿土；ω 在 5%~30% 之间的土，叫作潮湿土。

3. 土的渗透性

土体孔隙中的自由水在重力作用下会透过土体而运动，这种土体被水透过的性质称为土的渗透性。当基坑开挖至地下水位以下时，地下水的平衡会遭到破坏，地下水会不断渗流入基坑。地下水在渗流过程中受到土颗粒的阻力，其土颗粒大小与土的渗透性及渗流路程的长短有关。单位时间内流过土样的水量 Q（cm³/s）与水头差 △H（cm）成正比，并与土样的横截面积 A（cm²）成正比，而与渗流路径长度 L（cm）成反比。

三、场地平整、土方量计算与调配

大型工程场地平整前，应首先确定场地设计标高，然后计算挖、填方的工程量，进行土方平衡调配，并根据工程规模、工期要求、现有土方机械设备条件等，拟定土方施工方案。

（一）场地设计标高的确定

场地设计标高是进行场地平整和土方量计算的重要依据。合理确定场地的设计标高，对于减少挖、填土方总量，节约土方运输费用，加快施工进度等都具有极其重要的经济意义。因此，必须结合现场实际情况，从而选出最优方案。一般应考虑以下四个因素：

1）满足生产工艺和运输的要求；

2）尽量利用地形，减少挖、填方数量；

3）场地内挖、填方平衡（面积大、地形复杂时例外），土方运输总费用最少；

4）有一定的泄水坡度（≥2‰），满足排水要求，并考虑最大洪水位的影响。

场地设计标高一般应在设计文件上规定，若设计文件无规定时，可采用"挖、填土方量平衡法"或"最佳设计平面法"来确定。"最佳设计平面法"系应用最小二乘法的原理，计算出最佳设计平面，使场地内方格网各角点施工高度的平方和为最小，既能满足土方工程量最小，又能保证挖、填土方量相等，但此法计算较繁杂。"挖、填土方量平衡法"概念直观，计算简便，精度能满足施工要求，常为实际施工时采用，但此法不能保证总土方量达到最小。

用"挖、填土方量平衡法"确定场地设计标高，可参照下述步骤进行：

1.初步计算场地设计标高

计算原则：场地内的土方在平整前和平整后相等而达到挖、填方平衡，即挖方总量等于填方总量。

计算场地设计标高时，首先在场地的地形图上，根据要求的精度划分为边长为10~40m的方格网，然后标出各方格角点的自然标高。各角点自然标高可根据地形图上相邻两等高线的标高用插入法求得，当无地形图或场地地形起伏较大（用插入法误差较大）时，可以在地面用木桩打好方格网，然后用仪器直接测出自然标高。

2.场地设计标高的调整

实际施工前，需考虑以下因素进行调整：

①考虑土的可松性而使场地设计标高提高。由于土具有可松性，填土会有所剩余，需相应提高场地设计标高，以达到土方量的实际平衡。

②由于设计标高以上的各种填方工程（如填筑路基）而影响设计标高的降低，或者由于设计标高以下的各种挖方工程（如开挖水池等）而影响设计标高的提高。

③由于边坡填、挖土方量不等（特别是坡度变化大时）而影响设计标高的增减。

④根据经济比较结果而将部分挖方就近弃土于场外，或将部分填方就近从场外取土而引起挖、填土方量变化，导致场地设计标高的降低或提高。

3.考虑泄水坡度对场地设计标高的影响，计算各方格角点的设计标高

按上述计算并调整后的场地设计标高进行场地平整时，整个场地将处于同一水平面，但实际上，由于排水的要求，场地表面应有一定的泄水坡度并符合相关设计要求。如设计无要求时，一般应该沿着沿排水方向做成不小于2%的泄水坡度。因此，应根据场地泄水坡度的要求（单向泄水或双向泄水），计算出场地内各方格角点实际施工时所采用的设计标高。

（二）土方量计算

大面积平整的土方量计算，通常采取方格网法，但当地形起伏较大或地形狭长时，多采用断面法计算。方格网法计算土方量的步骤如下三种：

1.计算各方格角点的施工高度（即填、挖高度）；

2.确定"零线"，即挖、填方的分界线；

3.计算方格土方工程量。

场地各方格的土方量，一般可分为三种类型进行计算：

①方格四角点均为填或挖；

②方格的相邻两角点为挖方，另两角点为填方；

③方格的三个角点为挖方（或填方），另一角点为填方（或挖方）。

4.计算场地边坡土方工程量

为了保持土体的稳定和施工安全，挖方和填方的边沿都应该做成一定坡度的边坡，当边坡高度较大时，可做成折线形边坡。

场地各方格内的土方量与边坡土方量之和（挖、填方分别相加）即为整个场地的挖、填土方总量，由于计算误差，挖、填方一般不会绝对平衡，但误差不大，实际施工时，可适当加大边坡，使挖、填方平衡。

（三）土方调配

土方调配工作是土方施工设计的一项重要内容，一般在土方工程量计算完毕后即可进行。土方调配的目的是方便施工，并且使土方在总运输量（$m^3 \cdot m$）最小或土方运输成本（元）最低的条件下，确定填、挖方区土方的调配方向、数量和平均运距，从而缩短工期，降低成本。土方调配合理与否，将直接影响到土方施工费用和施工进度，

如调配不当，会给施工现场带来混乱。因此，应特别予以重视。

1. 土方调配原则

①应力求达到挖方与填方基本平衡和总运输量最小，使挖方量与运距的乘积之和尽可能最小，有时仅局限于一个场地范围内的挖、填平衡难以满足上述原则时，可根据现场情况，考虑就近取土或弃土，这样可能更加经济合理。

②应考虑近期施工与后期利用相结合。先期工程的土方余额应结合后期工程的需要而考虑其利用数量与堆放位置，并注意为后期工程的施工创造良好的施工条件，避免发生重复搬运。

③应注意分区调配与全场调配的协调，并将好土用在回填质量要求高的填方区。

④尽可能与大型地下结构的施工相结合，尽量避免土方重复挖、填和运输。

2. 土方调配图表的编制

场地土方调配需制成相应的图表，土方调配图表的编制方法：

①划分调配区。

在场地平面图上先画出挖、填方区的分界线（即零线），并将挖、填方区适当划分成若干调配区，调配区的大小应与方格网及拟建建筑位置相协调，并应满足土方及运输机械的技术性能要求，使得其功能充分发挥。

②计算土方量。

计算各调配区的土方量并标注在图上。

③计算每对调配区之间的平均运距。

平均运距即挖方区土方重心至填方区土方重心的距离，因此，须要先求出每个调配区的重心。其计算方法如下：取场地或方格网中的纵、横两边为坐标轴分别求出各调配区土方的重心位置。

④确定土方调配方案。

可以根据每对调配区的平均运距 L0，绘制多个调配方案，比较不同方案的总运输量。

⑤绘出最优方案的土方平衡表和土方调配图。

四、土方的开挖与填筑

（一）土方边坡坡度与边坡稳定

在基坑、沟槽开挖及场地平整施工过程当中，土壁的稳定主要是依靠土体的内摩擦力和粘结力（内聚力）来保持平衡的。一旦土体在外力作用下失去平衡，土壁就会坍塌。土壁坍塌，不仅会妨碍土方工程的施工，还会危及附近的建筑物、道路、地下管线等的安全，甚至会导致人员伤亡，造成严重的后果。

为了防止土壁坍塌，保持土壁稳定，保证安全施工，在土方工程施工中，对挖方和填方的边缘，都应该做成一定坡度的边坡。当场地受到限制不能放坡或为了减少土方工程量而不欲放坡时，则可设置土壁支护结构，来确保施工过程的安全。

1. 土方边坡

土方边坡的大小，应根据土质条件、挖方深度（或填方高度）、地下水位、排水情况、施工方法、边坡留置时间（即工期长短）、边坡上部荷载情况及相邻建筑物情况等因素综合确定。

当土质均匀且地下水位低于基坑（槽）或管沟底面标高、其挖方深度不超过表1-1中的规定时，其挖方边坡可做成直立壁而不加支撑。

表1-1　直立壁不加支撑挖方深度

土的类别	控方深度/m
密实、中密的砂土和碎石类土（充填物土的类别为砂土）	1.00
硬塑、可塑的粉质黏土及粉土	1.25
硬塑、可塑的黏土和碎石类土（充填物为黏性土）	1.50
坚硬的黏土	2.00

当挖方深度超过上述规定时，应考虑放坡或做成直立壁加支撑。当地质条件良好、土质均匀且地下水位低于基坑（槽）或管沟底面标高、挖方深度在5m以内时，不加支撑的边坡最陡坡度不得超过相关规定，永久性挖方边坡度应符合设计要求。当工程地质与设计资料不符需修改边坡坡度时，应由设计单位确定。使用时间较长（超过一年）的临时性挖方边坡坡度，应该根据工程地质和边坡高度并结合当地同类土体的稳定坡度值确定。

（二）边坡稳定

土方边坡的稳定，主要是由于土体内颗粒间存在摩阻力和内聚力，从而使土体具有一定的抗剪强度，土体抗剪强度的大小主要决定于土的内摩擦角和内聚力的大小。土壤颗粒间不仅存在抵抗滑动的摩阻力，而且存在内聚力（除了干净和干燥的砂之外）。内聚力一般由两种因素形成：一是由于土中水的水膜和土粒之间的分子引力；二是由于土中化合物的胶结作用（尤其是黄土）。不同的土，土的不同物理性质对土体的抗剪强度均有影响。

在一般情况下，土方边坡失去稳定，发生滑动，其原因主要是由于土质及外界因素的影响，使土体内的抗剪强度降低或剪应力增加，使土体中的剪应力超过其抗剪强度。

引起土体抗剪强度降低的原因有以下一些：

①因风化、气候等的影响使土质变得松软；

②黏土中的夹层因浸水而产生润滑作用；

③饱和的细砂、粉砂土等因受振动而液化等。

引起土体内剪应力增加的原因有以下一些：

①基坑上边缘附近存在荷载（堆土、机具等），尤其是存在动载；

②雨水、施工用水渗入边坡，使土的含水员增加，从而使土体自重增加；

③有地下水时，地下水在土中渗流产生一定的动水压力；

④水浸入土体中的裂缝内，产生静水压力。

为了防止土方边坡坍塌，除保证边坡大小与边坡上边缘的荷载符合规定要求外，施工过程中，还必须做好地面水的排除工作。并防止地表水、施工用水和生活用水等浸入开挖场地或冲刷土方边坡，基坑内的降水工作应持续到土方回填完毕。在雨季施工时，更应注意检查边坡的稳定性，在必要时，可考虑适当放缓边坡坡度或设置土壁支撑（护）结构，来防止塌方。

（三）土方机械

土方工程施工机械的种类很多，这里仅介绍常用的推土机、铲运机和单斗挖土机等的特点与施工方法。

1. 主要土方机械的特点与施工方法

（1）推土机

推土机是一种在拖拉机上装有推土板等工作装置的土方机械，其行走方式有履带式和轮胎式两种。按推土板的操纵方式的不同，可分为索式（自重切土）和液压式（强制切土）两种。液压式可以调整推土的角度，因此，具有更大的灵活性。

推土机的特点是：能独自进行切土、推土和卸土工作。操纵灵活，所需工作面小，行驶速度快，转移方便，能爬 30° 左右的缓坡，因此应用广泛。适用于施工场地清理和平整、开挖深度在 1.5m 以内的基坑以及沟槽的回填土等。此外，可在其后面加装松土装置，破松硬土和冻土，还能牵引无动力的土方机械，如拖式铲运机、羊足碾等。推土机可推挖Ⅰ—Ⅲ类土，其推运距离宜在 100m 以内，30~60m 时，经济效果最好。

推土机的生产率主要决定于推土板推移土的体积及切土、推土、回程等工作的循环时间。为了提高推土机的生产率，可采取下坡推土法（利用自重增加推土能力，缩短时间）、并列推土法（场地较大时，2~3 台推土机并列推土以减少土的散失）、槽形推土法（利用前次推土形成的沟槽推土，以减少土的散失）、分批集中和一次推送法（运距远、土质硬时用）等，还可在推土板两侧附加侧板，以增加推土体积。

（2）铲运机

铲运机按行走机构可分为拖式铲运机和自行式铲运机两种。按照铲斗的操纵系统又可分为液压式和索式（机械式）两种。斗容量有 2m³，5m³，6m³，7m³ 数种。

铲运机的特点是：能综合完成挖土、运土、卸土和平土工作，对行驶道路要求较低，操纵灵活，运转方便，生产率高。适用于地形起伏不大，坡度在 15° 以内的大面积场地平整，大型基坑、沟槽开挖，填筑路基等工作。宜于开挖含水量不超过 27% 的松土和普通土，硬土需松土机预松后才能开挖，但是不适于在砾石层、冻土地带和沼泽区施工。拖式铲运机的运距以 800m 以内为宜，300m 左右时，效率最高。自行式铲运机的经济运距为 800~1500m。在规划运行路线时，应力求符合经济运距的要求。

为了提高铲运机的生产率，应合理选择开行路线和施工方法。铲运机的开行路线，应根据填方、挖方区的分布情况并结合当地具体条件进行选择，一般有环形路线和"8"字形路线两种，在进行施工时，应该尽量减少转弯次数和空驶距离，提高工作效率。铲运机的施工方法一般有下坡铲土法（5°~7° 坡度为宜）、跨铲法（预留土埂，间隔铲土）和助铲法（推土机在后面助推）等。

（3）单斗挖土机

单斗挖土机是土方工程中最常用的一种施工机械，按其行走机构不同，可分为履带式和轮胎式两类；按传动方式不同，有机械传动和液压传动两种。根据施工的具体需要，单斗挖土机的工作装置可以更换。按其工作装置的不同，可分为正铲挖土机、反铲挖土机、拉铲挖土机和抓铲挖土机等。

①正铲挖土机

正铲挖土机是单斗挖土机中应用较广的一种。适用于开挖高度大于 2m 的无地下水的干燥基坑及土丘等。其挖土特点是：前进向上、强制切土其挖掘力大，生产率高，能开挖停机面以上的Ⅰ—Ⅳ类土。但需汽车配合运土。

正铲挖土机的生产率主要决定于每斗的挖土量和每斗作业的循环时间。为了提高生产率，除了工作面高度必须满足装满土斗的要求（不小于 3 倍土斗高度）外，还要充分考虑到挖土方式和与运土机械的配合问题，尽量减少回转，缩短每个循环的延续时间。

正铲挖土机的挖土方式，根据其开挖路线和运输工具的相对位置不同，有以下两种：

A. 正向挖土、侧向卸土

挖土机沿前进方向挖土，运输工具停在侧面装土（可停在挖土机停机面上或高于停机面）。这种方式当挖土机卸土时动臂回转角度小，运输车辆行驶方便，生产率高，应用广泛。

B. 正向挖土、后方卸土

挖土机沿前进方向挖土，运输工具停在其后面装土。采用这种方式挖土机卸土时，动臂回转角度大，运输车辆需倒车开入，运输不便，生产率较低，一般只是在基坑较窄且深度较大时采用。

正铲挖土机的挖土方式不同，其所需工作面的大小也不同。所谓工作面，是指在一个停机点挖土的工作范围，通常被称为"掌子其大小和形状主要取决于挖土机的工作性能、挖土方式及运输方式等因素。根据工作面大小和基坑的平面、断面尺寸，即可确定挖土机的开行通道和开行次序，当基坑面积较大而开挖的深度小时，一般只需要布置一层通道，当基坑深度较大时，则可布置成多层通道。挖土机采用正向开挖，侧向卸土（高侧或平侧），每斗作业循环时间短、生产率较高。

②反铲挖土机

反铲挖土机适用于开挖停机面以下 6.5m 深以内的土方（挖深与工作装置有关），对地下水位较高的基坑也适用，配合基坑内的降水工作，也可分层开挖，但需保证停机面干燥并不会导致机械发生沉陷。反铲挖土机的挖土特点是："后退向下、强制切土"。其挖掘力比正铲小，能开挖停机面以下的 I，II 类土，挖土时可用汽车配合运土，也可弃土于坑槽附近。

反铲挖土机挖土时，根据挖土机与基坑的相对位置关系，有沟端开挖与沟侧开挖两种开挖方式。

A. 沟端开挖

挖土机停在基坑（槽）端部，向后倒退挖土，汽车停在两侧装土。此法采用最广。其工作面宽度可达 1.3R（单面装土，R 为挖土机最大挖土半径）或 1.7R（双面装土），深度可达挖土机最大挖土深度 H，当基坑较宽（> 1.7R）时，可分次开挖或按"之"字形路线开挖。

B. 沟侧开挖

挖土机停在基坑（槽）的一侧，向侧面移动挖土，可用汽车配合运土，也可将土弃于距基坑（槽）较远处。此法挖土机移动方向与挖土方向垂直，稳定性较差，且挖土的深度和宽度均较小，不容易控制边坡坡度。因此，只在无法采用沟端开挖或所挖的土不需运走时采用。

③拉铲挖土机

拉铲挖土机适用于开挖大而深的基坑或水下挖土。其挖土特点是："后退向下、自重切土"。其挖掘半径和深度均较大，但挖掘力小，只能开挖Ⅰ，Ⅱ类土（软土）且不如反铲挖土机灵活准确，拉铲挖土机的挖土方式，基本上与反铲挖土机相似，也可分为沟端开挖和沟侧开挖。

④抓铲挖土机

抓铲挖土机适用于开挖窄而深的基坑(槽)、沉井或水中淤泥。其挖土特点是："直上直下、自重切土"。其挖掘力较小，只能开挖Ⅰ，Ⅱ类土，其抓铲能在回转半径范围内开挖基坑任何位置的土方，并可在任何高度上卸土。

2. 土方机械的选择

选择土方机械时,应根据现场的地形条件、工程地质条件、水文地质条件、土的类别、工程量大小、工期要求、土方机械供应条件等因素，进行合理比较。选择机械应格外注意充分发挥出其机械性能，进行技术经济比较后确定机械种类与数量，以保证施工质量，加快进度，降低成本。

（1）选择土方机械的基本要求

在场地平整施工中，当地形起伏不大（坡度 < 15°）、填挖平整土方的面积较大、平均运距较短（一般在 1500m 以内）、土的含水量适当（≤27%）时，采用铲运机较为适宜；如果土质坚硬或冻土层较厚（超过 100~150mm）时，必须用其他机械进行翻松后再铲运；当含水量较大时 . 应疏干水后再铲运。

在地形起伏较大的丘陵地带，当挖土高度在 3m 以上，运输距离超过 2000m、土方工程量较大且较集中时，一般应该选用正铲挖土机挖土，自卸汽车配合运土，并在弃土区配备推土机平整土堆。也可采用推土机预先把土推成一堆，再用装载机把土装到自卸汽车上运走。

开挖基坑时根据下述原则选择机械：当基坑深度在 1~2m，而基坑长度又不太长时，可采用推土机；对深度在 2m 以内的线状基坑，宜用铲运机开挖；当基坑较大，工程量集中时，如基坑底干燥且较密实，可选用正铲挖土机挖土；如地下水位较高，又不采用降水措施或土质松软，可能造成正铲挖土机和铲运机陷车时，则采用反铲、拉铲或抓铲挖土机配合自卸汽车较为合适。

移挖作填以及基坑和管沟的回填土，当运距在100m以内时，可以采用推土机施工。

上述各种机械的适用范围都是相对的，选用机械时，应结合具体情况并考虑工程成本，选择效率高、费用低的机械进行施工。

（2）挖土机与运土车辆配套计算

采用单斗挖土机进行土方施工时，一般需用自卸汽车配合运土，将挖出的土及时运走。因此，要充分发挥挖土机的生产率，不仅要正确选择挖土机，而且要使所选择的运土车辆的运土能力与之相协调。为保证挖土机连续工作，运土车辆的载重量应与挖土机的斗容量保持一定倍数关系（一般为每斗土重的3~5倍），并保持足够数量的运土车辆。

（四）土方填筑与压实

1. 土的填筑与压实

（1）填方土料的选择与填筑方法

为了保证填方工程的质量，必须正确选择填方用的土料和填筑方法。

1）填方土料选择

含水量符合压实要求的黏性土，可用作各层填料；碎石类土、爆破石渣和砂土（使用细砂、粉砂时，应取得设计单位同意），可用作表层以下的填料，但是因为其最大粒径不得超过每层铺填厚度的2/3；碎块草皮和有机质含量大于8%的土，石膏或水溶性硫酸盐含量大于5%的土，冻结或液化状态的泥炭、黏土或粉状砂质黏土等，均不能用作填方土料；淤泥和淤泥质土一般不能用作填料，但在软土或沼泽地区，经过处理使含水量符合相关要求后，可用于填方中的次要部位。对于无压实要求的填土方，则不受上述限制。此外，当地下结构外防水层为油毡时，则对填土的细度有更高的要求，并应采用相应的压实方法，来防止破坏防水层。

2）填筑方法

填土应分层进行，并尽量采用同类土填筑。如填方中采用不同透水性的土填筑时，必须将透水性较大的土层置于透水性较小的土层之下，不得将各种土进行任意混杂使用。

填方施工应接近水平地分层填筑压实，每层的厚度根据土的种类及选用的压实机械而定。

当填方基底位于倾斜地面（如山坡）时，应先将斜坡挖成阶梯状，阶宽不小于1m，然后分层填筑，来防止填土横向移动。应分层检查填土压实质量，符合设计要求后，才能填筑上层。

（2）填土压实方法

填土的压实方法有碾压法、夯实法和振动压实法等。

填方施工前，必须根据工程特点、填料种类、设计要求土的压实系数和施工条件等合理地选择压实机械和压实方法，确保填土压实质量。

1）碾压法

碾压法是利用沿着土的表面滚动的鼓筒或轮子的压力，在短时间内对土体产生静荷作用。在压实过程中，作用力保持常量，不随时间延续而变化。碾压机械有平碾、羊足碾和振动碾，主要适用于场地平整和大型基坑回填工程。

平碾即压路机（5~15t），对砂类土和黏性土均可压实。羊足碾压实效果好（"羊足"对土颗粒的压力较大），但只适用于压实黏性土。振动碾是一种碾压和振动压实同时作用的高效能压实机械工效比平碾高1~2倍，节省动力三分之一，适用于压实爆破石渣、碎石类土、杂填土或粉质黏土的大型填方。

碾压机械的碾压方向应从填土区两侧逐渐压向中心，每次碾压应有150~200mm的重叠，机械开行速度不宜过快，否则影响压实效果，一般认为，平碾的行驶速度不宜超过2km／h，羊足碾不应超过3km／h，振动碾不应超过2km／h。

2）夯实法

夯实法是利用夯锤自由落下的冲击力使土体颗粒重新排列，以此来压实填土，其作用力为瞬时冲击动力，有脉冲特性。夯实机械主要有蛙式打夯机、夯锤和内燃夯土机等。这种方法主要适用于小面积的回填土。

蛙式打夯机是常用的小型夯实机械，轻便灵活，适用于小型土方工程的夯实，多用于夯实灰土和回填土，夯锤是借助起重机悬挂重锤进行夯土的机械。锤底面约0.15~0.25m²，重量1.5t以上，落距一般为2.5~4.5m，夯土影响深度大于1m，适用于夯实砂性土、湿陷性黄土、杂填土以及含有石块的土。

3）振动压实法

振动压实法是将振动压实机放在土层表面，借助振动设备使土粒发生相对位移而达到密实效果，其作用外力为瞬时周期重复振动。这种方法主要适用于振实非黏性土。

随着压实机械的发展，其作用外力并不局限于一种，而应用多种作用外力组合的新型压实机械，如上述的振动碾即为碾压与振动的组合机械，振动夯则为夯实与振动的组合。

2. 填土压实的影响因素

影响填土压实质量的因素很多，其中，主要有压实机械所做的功（简称压实功）、土的含水量、每层铺土厚度与压实遍数。

（1）压实功

填土压实后的密度与压实机械在其上所施加的功有一定的关系，但并不成线性关系，当土的含水量不变时，在开始压实时，土的密度急剧增加，待接近土的最大密度时，压实功虽然增加很多，而土的密度则几乎没有变化。在实际施工过程中，对松土不宜用重型碾压机械直接滚压，否则，土层会有强烈起伏现象，压实效果不好，如果先用轻碾压实，再用重碾压实，就会取得较好的压实效果。

（2）含水量

在同一压实功条件下，土料的含水量对压实质量有直接影响。较为干燥的土，由于土粒之间的摩擦阻力较大，因而不容易被压实；当含水量超过一定限度时，土料孔隙会由水填充而呈饱和状态，压实机械所施加的外力有一部分为水所承受，也不能得到较高的压实效果；只有当土料具有适当含水量时，水起到润滑作用，土粒间的摩阻力减少，土才易被压实。在使用同样的压实功进行压实的条件下，使填土压实获得最大密实度时土的含水量，称为土的最优含水量。各种土的最优含水量和相应的最大干密度可由击实试验确定。为了保证黏性土填料在压实过程中具有最优含水量，当填料的含水量偏高时，应予以翻松晾干，也可掺入干土或吸水性填料，如含水量偏低，则应该采用预先洒水润湿，增加压实遍数或使用大功能压实机械等措施。

（3）铺土厚度及压实遍数

土在压实功的作用下，其应力随深度增加而逐渐减少，因而土经过反复压实后，表层的密实度增加最大，超过一定深度后，则增加较小甚至没有增加。各种压实机械压实影响深度的大小与土的性质和含水量等有关。铺土厚度应小于压实机械压土时的影响深度，但其中还有最优铺土厚度问题，过厚，则压实遍数将过多，过薄，则总压实遍数也要增加，而在最优铺土厚度范围内，可使土料在获得设计干密度的条件下，压实机械所需的压实遍数最少，施工时，每层土的最优。铺土厚度和压实遍数，可根据填料性质、对密实度的要求和选用的压实机械的性能确定（参考表 1-2）。

表1-2　填方每层铺土厚度和压实遍数

压实工具	每层铺土厚度/mm	每层压实遍数/遍
平碾	200~300	6~8
羊足碾	200~350	8~16
蛙式打夯机	200~250	3~4
人工打夯	≤200	3~4

3. 填土压实的质量检查

填土经过压实后，必须达到规定要求的密实度。填土密实度是以设计规定的控制干密度 q 作为检查标准。土的控制干密度与最大干密度之比称为压实系数 λc。不同的填方工程，设计要求的压实系数不同：对于一般场地平整，λ 为 0.9 左右；对于砖石承重结构和框架结构的地基填土，在地基的主要受力层范围内的 λ 应大于 0.96，在主要受力层范围以下，λ 为 0.93~0.96。

土的最大干密度可由试验室击实试验或计算求得，再根据规范规定的压实系数，即可算出填土的控制干密度化。在填土施工时，土的实际干密度化 $\rho 0 \geq \rho d$ 时，则符合质量要求。

填土压实后的干密度，应有 90% 以上符合设计要求，其余 10% 的最低值与设计值之差，不得大于 $0.8kN / m^3$ 且应分散，不得集中。

检查土的实际干密度，可采用环刀法取样测定。其取样组数为：基坑回填为每 20-50m³ 取样一组（每个基坑至少一组人基槽或管沟回填每层按长度每 20~50m 取样一组；室内填土每层按每 100~500m² 取样一组；场地平整填方每层按 400~900m² 取样一组。取样部位在每层压实后的下半部。取样后先称出土的湿重度并测定含水量，然后计算其干密度 $\rho 0$，若 $\rho 0 \geq \rho d$，则压实合格。若 $\rho 0 < \rho d$，则压实不够，应该采取相关措施，提高压实质量。

第二节　有支护土方

一、排水与降水

（一）排除地面水

场地积水将影响施工过程，为了保证土方及后续工程施工的顺利进行，场地内的地面水和雨水均应及时排走，来保持场地土体干燥。

在施工场地内布置临时排水系统时，应注意与原有排水系统相适应，并尽量与永久性排水设施相结合，以节省费用。

地面水的排除通常可采用设置排水沟（疏）、截水沟（堵）或修筑土堤（挡）等设施来进行。

设置排水沟时应尽量利用自然地形，以便将水直接排至场外或流入低洼处抽走。主排水沟最好设置在施工区边缘或道路两旁，其横断面和纵向坡度应参照施工期内地面水最大流量确定。一般排水沟的横断面不小于 500mm×500mm，纵向坡度一般不小于 3‰，平坦地区一般不小于 2‰，沼泽地区可降至 1‰。。施工过程中，应注意保持排水沟畅通，必要时，应设置涵洞。

在山坡区域上施工，应在较高一面的山坡上开挖截水沟，以阻止山坡水流入施工场地。在平坦地区或低洼地区施工时，除开挖排水沟外，在必要时，还要修筑土堤挡水，以阻止场外水或雨水流入施工场地。

（二）降水

在土方开挖过程中，当基坑（槽）、管沟底面低于地下水位时，由于土的含水层被切断，地下水会不断地渗入坑内。雨季施工时，地面水也会流入坑内。如果不采取降水措施，把流入基坑的水及时排走，或把地下水位降低，这样就会促使施工条件恶化，而且地基土被水泡软后，容易造成边坡塌方并使地基的承载能力下降。另外，当基坑下遇有承压含水层时，若不降水减压，则基底可能被冲溃破坏。因此，为了保证工程质量、施工安全和施工进程，在基坑开挖前或开挖过程中，必须采取措施降低地下水位，使地基土在开挖及基础施工时保持干燥。

降低地下水位的方法有集水井（坑）降水法和井点降水法。集水井（坑）降水法一般适用于降水深度较小且土层为粗粒土层或渗水最小的黏性土层。当基坑开挖较深且又采用刚性土壁支护结构挡土并形成止水帷幕时，基坑内降水也多采用集水坑降水法。在降水深度较大或土层为细砂、粉砂或软土地区时，宜采用井点降水法。当采用井点降水法降水但依旧有局部区域降水深度不足时，可辅以集水坑降水。无论采用何种降水方法，均应持续到基础施工完毕且土方回填后，方可停止降水。

1.集水井（坑）降水法

集水井（坑）降水法（也称明排水法），是在基坑开挖过程中，在基坑底设置若干个集水坑，并在基坑底四周或中央开挖排水沟，使水流入集水坑内，然后用水泵将其抽走。抽出的水应引至远离基坑的地方，来避免倒流回基坑内。雨季施工时，应在基坑周围或地面水的上游，开挖截水沟或修筑土堤，以防地面水流入基坑内。

（1）集水坑设置

集水坑应设置在基础范围以外，地下水走向的上游，以防止基坑底的土颗粒随水流失而使土结构受到破坏。集水坑的间距根据地下水量大小、基坑平面形状及水泵的抽水能力等确定，一般每隔20~40m设置一个。集水坑的直径或宽度一般为 0.6~0.8m，其深度随着挖土的加深而加深，并保持低于挖土面 0.7~1.0m。坑壁可用竹、木材料等简易加固。当基坑挖至设计标高后，集水坑底应低于基坑底面 1.0~2.0m，并铺设碎石滤水层（0.3m 厚）或下部砾石（0.1m 厚）、上部粗砂（0.1m 厚）的双层滤水层，以免由于抽水时间过长而将泥砂抽出，并防止坑底土被扰动。

采用集水坑降水法时，根据现场土质条件，应保持开挖边坡的稳定性。边坡坡面上如有局部渗入地下水时，应在渗水处设置过滤层，防止土粒流失，并设排水沟将水引出坡面。

（2）水泵性能与选用

在基坑降水时使用的水泵主要有离心泵、潜水泵、膜式电泵等。

离心泵其抽水原理是利用叶轮高速旋转时所产生的离心力，将轮心中的水甩出而形成真空，使水在大气作用下自动进入水泵，并将水压出。离心泵的性能主要包括流量（即水泵单位时间内的出水量（m^3/h））、总扬程（即水泵的扬水高度：包括吸水扬程与出水扬程两部分）和吸水扬程（即水泵的最大吸水高度，又称允许吸上真空高度。

离心泵的选择，主要根据流量与扬程而定。离心泵的流量应尽量满足基坑涌水量的要求其扬程在满足总扬程的前提下，主要是使吸水扬程满足降低地下水位的要求（考虑由于管路阻力而引起的损失扬程为 0.6~1.2m）。如果不够，可另选水泵或降低其安装位置。

离心泵的抽水能力大，一般宜用于地下水量较大的基坑（$Q > 20m^3/h$）。

离心泵安装时，应该使吸水口伸入水中至少 0.5m，并注意吸水管接头严密不漏气。使用时，要先将泵体及吸水管内灌满水，排出空气，然后开泵抽水（此称为引水），在使用过程中，要防止漏气或脏物堵塞等。

潜水泵由立式水泵与电动机组成，电动机有密封装置，其特点是工作时完全浸在水中。这种泵具有体积小、重量轻、移动方便、安装简单及开泵时不需引水等优点，在基坑排水中已广泛应用（一般用于涌水量 $Q < 60m-7h$ 时）。

常用的潜水泵流量有 $15m^3/h$，$25m^3/h$，$65m^3/h$，$100m^3/h$，出水口径相应为 40mm，50mm，100mm，125mm，扬程相应为 25m，15m，7m，3.5m。在使用时，为了防止电机烧坏，应格外注意不得脱水运转或陷入泥中，也不适用于排除含泥量较高的水或泥浆水，否则，叶轮会造成堵塞。另外，膜式电泵通常用于 $Q < 60m^3/h$ 的基坑排水。

（2）流砂及其防治

当基坑挖上到达地下水位以下而土质为细砂或粉砂又采用集水坑降水时，坑底下的土有时会形成流动状态，随地下水涌入基坑，这种现象称为流砂。发生流砂现象时，土完全丧失承载力，土边挖边冒，且施工条件不断恶化，工人难以立足，基坑难以挖到设计深度。严重时，会引起基坑边坡塌方，如果附近有建筑物，就会因地基被掏空而使建筑物下沉、倾斜甚至倒塌。总之，流砂现象对土方施工和附近建筑物有很大的危害。

①流砂发生的原因

由于高水位的左端（水头高为 h1）与低水位的右端（水头高为 h2）之间存在压力差，水经过长度为 L、断面为 A 的土体由左向右渗流。

由于动水压力与水流方向一致，所以，当水在土中渗流的方向改变时，动水压力对土的影响将随之改变。如水流从上向下，则动水压力与重力作用方向相同，增大土粒间的压力，对流砂的防止是有利的。如水流从下向上，则动水压力与重力作用方向相反，减小土粒间的压力，即土粒除了受到水的浮力作用外，还受到动水压力向上的举托作用。如果动水压力等于或大于土的浸水重度 γ，即

$$GD \geq \gamma$$

则此时土粒处于悬浮状态，土的抗剪强度为零，土粒能随着渗流的水一起流动，进入基坑，发生流砂现象。

以上理论分析及工程实践经验表明，具有下列性质的土，就有可能会出现流砂现象：

a. 土的颗粒组成中，黏粒含量小于 10%，粉粒（粒径为 0.005~0.05mm）含量大于 75%；

b. 颗粒级配中，土的不均匀系数小于 5；

c. 土的天然孔隙比大于 0.75；

d. 土的天然含水量大于 30%。

因此，流砂现象易在粉土、细砂、粉砂及淤泥土中发生。但是否会发生流砂现象，还与动水压力 GD 的大小有关。当基坑内外水位差较大时，GD 就较大，也就容易发生流砂现象。一般工程经验是：

在可能发生流砂的土质处，当基坑挖深超过地下水位线 0.5m 左右时，就要格外注意流砂的发生。

此外，当基坑坑底位于不透水土层内，而不透水层下面为承压蓄水层，坑底不透水层的覆盖厚度的重力小于承压水的顶托力时，基坑底部即可能发生管涌冒砂现象。此时，管涌冒砂现象会随时发生。为了防止管涌冒砂，可采用人工降低地下水位的办法来降低承压层的压力水位。

②流砂的防治

如前所述，细颗粒、颗粒均匀、松散、饱和的非黏性土容易发生流砂现象，但发生流砂现象的重要条件是动水压力的大小和方向。在一定条件下（如向上且足够大），土转化为流砂，而在另一条件下（如向下），又可将流砂转化为稳定土。因此，在基坑开挖中，防治流砂的原则是"治流砂必先治水"。工防治的主要途径有：减少或平衡动水压力 GD；设法使动水压力 GD 方向向下；截断地下水流。其具体措施如下：

a.枯水期施工法。枯水期地下水位较低，基坑内外水位差小，动水压力不大，就不易产生流砂。

b.抢挖并抛大石块法。即组织分段抢挖，使得挖土速度超过冒砂速度，在挖至标高后立即铺竹篾、芦席并抛大石块，以平衡动水压力，将流砂压住。此法可解决局部的或轻微的流砂，但如果坑底冒砂较快，土已丧失承载力，则抛入坑内的石块就会沉入土中无法阻止流砂现象。

c.设止水帷幕法。即将连续的止水支护结构（如连续板桩、深层搅拌桩、密排灌注桩等）打入基坑底面以下一定深度，形成封闭的止水帷幕，从而使地下水只能从支护结构下端向基坑渗流，增加地下水从坑外流入基坑内的渗流路径，减小水力坡度，从而减小动水压力，防止流砂产生。此法造价较高，一般可结合挡土支护结构形成既挡土又止水的支护结构，从而减少开挖土方量（不放坡）。

d.水下挖土法。即不排水施工，使基坑内外水压平衡，流砂无从发生。此法在沉井施工中经常被采用。

e.人工降低地下水位法。即采用井点降水法（如轻型井点、管井井点、喷射井点等），使地下水位降低至基坑底面以下，地下水的渗流向下，则动水压力的方向也向下，从而水不能渗流入基坑内，且增大了土粒间的压力，可有效地防止流砂发生。因此，此法应用广泛且较可靠。

此外，还可以采用地下连续墙法、压密注浆法、土壤冻结法等，截止地下水流入基坑内，来防止流砂发生。

（3）井点降水法

井点降水法即人工降低地下水位法，就是在基坑开挖前，预先在基坑周围或基坑内设置一定数量的滤水管（井），利用抽水设备从中抽水，使地下水位降至坑底以下并稳定后才开挖基坑。与此同时，在开挖过程中仍不断抽水，使地下水位稳定于基坑底面以下，使所挖的土始终保持干燥，从根本上防止流砂现象发生，并且改善挖土条件，可改为陡边坡以减少挖土数量，还可以防止基底隆起和加速地基固结，提高工程质量。但要注意的是，在降低地下水位的过程中，基坑附近的地基土壤会产生一定的沉降，施工时应考虑这一因素的影响。

井点降水法有：轻型井点、喷射井点、电渗井点、管井井点及深井井点等。各种方法的选用，可根据土的渗透系数 K、降低水位的深度、工程特点、设备条件及经济比较等。实际工程中，轻型井点和管井井点应用较广。

①轻型井点

轻型井点是沿基坑四周每隔一定距离埋入井点管（下端为滤管）至蓄水层内，井点管上端通过弯联管与总管相连，利用抽水设备将地下水从井点管内不断抽出，使得原有地下水位降至基坑底面以下。

a. 轻型井点设备

轻型井点设备由管路系统和抽水设备组成。

管路系统包括井点管、滤管、弯联管与总管等。

井点管为直径 38mm 或 51mm、长 5~7m 的钢管，可整根或分节组成。井点管的上端通过弯联管与总管相连，弯联管一般采用橡胶软管或透明塑料管，后者能随时观察井点管出水情况。

井点管下端配有滤管，滤管为进水设备，长 1.0~1.5m，直径 38mm 或 51mm，为无缝钢管（可与井点管通长制作或用螺丝套头连接），管壁上钻有 $\phi 12 \sim \phi 19mm$ 的呈梅花状排列的滤孔，滤孔面积为滤管表面积的 20%~25%。钢管外面包以两层孔径不同的流网，内层为细滤网（钢丝布或尼龙丝布），外层为粗滤网（塑料带编织纱布）。为使水流畅通．在管壁与滤网之间用细塑料管或铁丝绕成螺旋状将二者隔开。滤网外面用带孔的薄铁管或粗铁丝网保护。滤管下端为一塞头（铸铁或硬木）。

集水总管一般为 $\phi 100 \sim \phi 127mm$ 的无缝钢管，每节长 4m，其间用橡胶管连接，并用钢箍卡紧，来防止漏水，总管上每隔 0.8m 或 1.2m 设有一个与井点管连接的短接头。

抽水设备常用的有真空泵设备与射流泵设备两类。

真空泵抽水设备由真空泵、离心泵和水汽分离器（又称集水箱）等组成，一套设备能带动的，总管长度为 100~120m。

射流泵抽水设备由离心泵、射流器、循环水箱等组成。射流泵抽水设备与真空泵抽水设备相比，具有结构简单、体积小、质量轻、制造容易、使用维修方便、成本低等优点，便于推广。但是射流泵抽水设备排气量较小，对真空度的波动比较敏感，且易于下降，使用时，要注意管路密封情况，如果漏气会降低抽水效果。一套射流泵抽水设备可带动总管长度 30~50m，适用于粉砂、粉土等渗透性较小的土层中降水。

　　b. 轻型井点布置

　　轻型井点系统的布置，应根据基坑平面形状及尺寸、基坑深度、土质、地下水位高低与流向、降水深度等因素确定。

　　a）平面布置。当基坑或沟槽宽度小于 6m、水位降低值不大于 5m 时，可采用单排线状井点，井点管应布置在地下水的上游一侧，其两端的延伸长度一般不小于坑（槽）宽度。如沟槽宽度大于 6m，或土质不良，则采用双排井点。面积较大的基坑应采用环状井点。有时为了便于挖土机械和运输车辆进出基坑，可留出一段（地下水下游方向）不封闭或布置成 U 形。井点管距离基坑壁一般在 0.7~1.0m 以上，以防局部发生漏气。井点管间距应根据现场土质、降水深度、工程性质等按计算或经验确定，一般为0.8~1.6m，不超过 2.0m，在总管拐弯处或靠近河流处，井点管间距应适当减少，来保证降水效果。

　　采用多套抽水设备时，井点系统要分段，每段长度应大致相等。为减少总管弯头数量，提高水泵抽吸能力，分段点宜在总管拐弯处。泵应设在各段总管的中部，使泵两边水流平衡。分段处应设阀门或将总管断开，来避免管内水流紊乱，影响抽水效果。

　　b）高程布置。轻型井点的降水深度，在井点管处（不包括滤管），一般以不超过6m 为宜（视井点管长度而定）。进行高程布置时，应该考虑到井点管的标准长度及井点管露出地面的高度（0.2~0.3m），且必须要使滤管埋设在透水层中。

　　当采用一级轻型井点达不到降水深度要求时，如上层土质良好，可先用其他方法降水（如集水坑降水），然后挖去干土，再布置井点系统于原地下水位线之下，以增加降水深度，或采用二级（甚至多级）轻型井点，即先挖去上一级井点所疏干的土，然后再埋设下一级井点。

　　c. 轻型井点计算

　　轻型井点的计算主要包括基坑涌水房计算、井点管数属及井距确定、抽水设备的选用等。井点计算由于不确定因素较多（如水文地质条件、井点设备等），目前计算出的数值只是近似值。

　　井点系统的涌水量计算是以水井理论为依据进行的，根据地下水在土层中的分布情况，水井有几种不同的类型。水井布置在含水层中，当地下水表面为自由水压时，称为无压井；当含水层处于两不透水层之间、地下水表面具有一定水压时，称为承压井。另一方面，当水井底部达到不透水层时，称为完整井；否则称为非完整井。综合而论，水井大致有无压完整井、无压非完整井、承压完整井和承压非完整井四种。水井类型不同，其涌水量的计算公式亦不相同。

a）涌水量计算

当水井开始抽水时，井内水位逐步下降，周围含水层中的水则流向井内。经过一定时间的抽水后，井周围的水面由水平面逐步变成漏斗状的曲面，并渐趋稳定形成水位降落漏斗。自井轴至漏斗外缘（该处原有水位不变）的水平距离称为抽水影响半径 R。

真空泵在抽水过程中的实际真空度，应该大于所需的最低真空度，但应小于使水气分离器内的浮筒关闭阀门的真空度，以保证水泵连续而又稳定地排水。

对于射流泵抽水设备，常用的射流泵为 QJD-60，QJD-90，JS-45，其排水量分别为 60m³/h，90m³／h，45m³／h，能带动总管长度不大于 50m。

对于水泵，一般选用单级离心泵，其型号根据流量、吸水扬程与总扬程确定。水泵的流量应比基坑涌水量增大 10%~20%，水泵的吸水扬程，要大于降水深度和各项水头损失之和，总扬程应大于吸水扬程与出水扬程之和。多层井点系统中，下层井点的水泵应比上层井点的总扬程要大，来避免需要中途接力。

一般情况下，一台真空泵配一台水泵作业，当土的渗透系数 K 和涌水量 Q 较大时，也可配两台水泵。

（4）轻型井点的施工

轻型井点的施工，大致可以分为下列几个过程：准备工作、井点系统的埋设、使用及拆除。

准备工作包括井点设备、施工机具、动力、水源及必要材料（如砂滤料）的准备，排水沟的开挖，附近建筑物的标高观测以及防止附近建筑物沉降措施的实施。另外，为了检查降水效果，必须要选择有代表性的地点设置水位观测孔。

井点系统埋设的程序是：先挖井点沟槽、排放总管，再埋设井点管，用弯联管将井点管与总管相连，安排抽水设备，试抽水。其中井点管的埋设是关键性工作。

当采用冲水管冲孔时，有冲孔与埋管两个过程。

冲管采用直径为 50~70mm 的钢管，其长度一般比井点管长 1.5m 左右。冲管的下端装有圆锥形冲嘴，在冲嘴的圆锥面上钻有三个喷水小孔，各孔之间焊有三角形翼，以辅助水冲时扰动土层；便于冲管更快下沉。冲孔所需要的水压力根据土质的不同而不同，一股为 0.6~1.2MPa。为了加快冲孔速度，可在冲管两侧加装两根空气管，通入压缩空气。冲孔时.应将冲水管垂直插入土中，并作上、下、左、右摆动，加剧土层松动。冲孔直径一般在 300mm 左右，不宜过大或过小，深度通常一般应比井点设计深度增加 500mm 左右，以便于滤管底部有足够的砂滤层。

井孔冲成后，随即拔出冲管，插入井点管，并在井点管与孔壁之间迅速填灌粗砂滤层，来防止孔壁塌土。砂滤层应选用干净粗砂，厚度一般为 60~100mm，填灌高度至少达到滤管顶以上 1.0~1.5m，以保证水流畅通。

每根井点管沉设后，应检验其渗水性能。井点管与孔壁之间填砂滤料时，管口应有泥浆水冒出，或向管内灌水时，能很快下渗，方为合格。

在第一组轻型井点系统安装完毕后，应该立即进行抽水试验，检查管路接头质量、井点出水状况和抽水设备运转情况等．如发现漏气、漏水现象，应立即处理，因为一个漏气点往往会影响整个井点系统的真空度大小，影响降水的效果。若是发现"死井"（井点管淤塞），特别是在同一范围内有连续数根"死井"时，将严重影响降水效果。在这种情况下，应对每根"死井"用高压水反向冲洗或拔出重新沉设。经抽水试验合格后，井点孔口至地面以下 0.5~1.0m 的深度内，应用黏土填塞封孔，以防漏气和地表水下渗，提高降水效果。

轻型井点系统使用时，应连续抽水（特别是开始阶段），若时抽时停，滤管易堵塞，也容易抽出土粒，出水浑浊，严重时会引起附近建筑物沉降开裂。同时由于中途停抽，地下水回升，会引起土方边坡坍塌或在建的地下结构（如地下室底板等）上浮等事故。

轻型井点正常的出水规律是：先大后小，先浑后清，否则应检查纠正。在降水过程中，应调节离心泵的出水阀以控制水量，使抽吸排水保持均匀，并经常检查有无"死井"产生（正常工作的井管，用手探摸时，有"冬暖夏凉"的感觉）。应按时观测流量、真空度和检查观测井中水位下降情况，并做好记录。

采用轻型井点降水时，还应对附近建筑物进行沉降观测，在必要时，应采取防护措施。

（5）管井井点

管井井点就是沿基坑每隔一定距离设置一个管状井，每井单独用一台水泵不间断抽水，从而降低地下水位。在土的渗透系数较大（K=20~200m／d）、地下水充沛的土层中，适于采用管井井点法降水。

管井井点的设备主要由管井、吸（出）水管与水泵等组成。管井可用钢管、竹管、混凝土管及焊接钢筋骨架管等。钢管管井的管身采用 ϕ200~ϕ250mm 的钢管，其过滤部分（滤管）采用钢筋焊接骨架（密排螺旋箍筋）外包细、粗两层滤网（如一层铁丝网和一层细纱滤网），长度为 2~3m。混凝土管井的内径为 400mm，管身为实管（无孔洞），滤管的孔隙率为 20%~25%。焊接钢筋骨架管直径可达 350mm，管身可为实管（无孔洞）或与滤管相同（上、下皆为滤管，透水性好人吸（出）水管一般采用 ϕ50~ϕ100mm 的钢管或胶皮管，吸水管下端或潜水泵应沉入管井抽吸时的最低水位以下，为了启动水泵和防止在水泵运转中突然停泵时发生水倒灌，在吸水管底应装逆止阀。水泵可采用管径为 2~4in（ϕ50.8~ϕ101.6mm）的潜水泵或单级离心泵。

管井的间距，一般为 20~50m，深度为 8~15m，管井井点的水位降低值，井内可达 6~10m，两井中间为 3~5m。管井井点的设计计算，可以参照轻型井点进行。

管井井管的沉设，可采用钻孔法成孔（泥浆护壁，参见钻孔灌注桩部分）。钻孔的直径，应比井管外径大 200mm，下井管前应进行清孔（降低沉渣厚度和泥浆重度），然后沉设井管并随即用粗砂或小砾石填充井管周围作为过滤层。

管井沉设中的段后一道工序是洗井。洗井的作用是清除井内泥砂和过滤层淤塞，使井的出水量达到正常要求。常用的洗井方法有水泵洗井法、空气压缩机洗井法等。

（6）喷射井点

当基坑开挖要求降水深度大于 6m，土层的渗透系数为 0.1~2.0m／d 的弱透水层时，适宜于采用喷射井点，其降水深度可达 20m。如采用轻型井点，则必须要用多级井点，增大了井点设备用量和土方开挖工程量。

喷射井点的设备，主要由喷射井管、高压水泵和管路系统组成。

当基坑宽度小于 10m 时，喷射井点可单排布置，当大于 10m 时，可双排布置，当基坑面积较大时，宜采用环形布置，井点间距一般采用 2~3m。喷射井点的型号以井点管外管直径（英寸）表示，根据不同渗透系数，一般有 2 型、2.5 型、4 型、6 型等，以适应不同排水量要求。高压水泵一般宜选用流量为 50~80m³／h 的多级高压离心水泵．每套能带动 20~30 根井管。

喷射井点的施工顺序如下：

安装水泵设备及泵的进出水管路—敷设进水总管和排水总管—沉设井点管并灌填砂滤料，接通进水总管后及时进行单根试抽、检验全部井点管沉设。完毕后，接通排水总管后，全面试抽，检查整个降水系统的运转情况及降水效果。

井点管组装时，必须保证喷嘴与混合室中心线一致，否则真空度会降低，影响抽水效果。组装后，每根井点管均应在地面作泵水试验和真空度测定（不宜小于 93.1kPa，即 700mmHg）。

沉设井点管时，井管的冲孔直径不应小于 400mm，冲孔深度应比滤管底深 1m 左右，冲孔完毕后，应立即沉设井点管，灌填砂滤料，最后再用黏土封口，深为 0.5~1.0m。井点管与进水、排水总管的连接均应安装阀门，以便于调节使用，防止不抽水时发生回水倒灌。管路接头均应安装严密。

喷射井点所用的工作水，不得含了泥砂和其他杂物，否则会使喷嘴、混合室等部位很快受到磨损，影响扬水器使用寿命。抽水时，如发现井点管周围有翻砂冒水现象，应立即关闭该井点管，并进行进一步检查处理。

（7）基坑开挖与降水对邻近建筑物的影响和措施

在基坑开挖时，常常需进行降水，当在弱透水层和压缩性大的黏土层中降水时，由于地下水流失造成地下水位下降，地基自重应力增加，土层压缩和土粒随水流失甚至被掏空等原因，会产生较大的地面沉降；又由于土层的不均匀性和降水后地下水位呈漏斗曲线，四周土层的自重应力变化不一致而导致不均匀沉降，使周围建筑物基础下沉或房屋开裂。另外，当在粉土地区建造高层建筑箱基，用钢板桩和井点降水开挖基坑时，除降水期间有所沉降外，在拔钢板桩时也会导致邻近建筑物的沉降和开裂。

在基坑降水开挖中，为防止因降水影响或损害降水影响范围内的建筑物，可采取以下几个措施：

a.减缓降水速度，勿使土粒带出。具体做法是加长井点，减缓降水速度（调小离心泵阀），并根据土的粒径改换滤网，加大砂滤层厚度，防止在抽水过程中带出土粒。

b.在降水区域和原有建筑物之间的土层中设置一道固体抗渗屏幕（止水帷幕即在基坑周围设一道封闭的止水帷幕，使基坑外地下水的渗流路径延长，以保持水位。止水帷幕的设置可结合挡土支护结构或单独设置。常用的有深层搅拌法、压密注浆法、密排灌注桩法、冻结法等。

c.回灌井法。即在建筑物靠近基坑一侧，采用回灌井（沟），向土层内灌入足够量的水，使建筑物下保持原有地下水位，以求邻近建筑物的沉降达到最小程度。

回灌井点是防止井点降水损害周围建筑物的一种经济、简便、有效的方法，它能将井点降水对周围建筑物的影响减少到最低程度。为了确保基坑施工的安全和回灌的效果，回灌井点与降水井点之间应保持一定的距离，一般不宜小于6m，降水与回灌应同步进行。

二、土壁支护

开挖基坑（槽）或管沟时，如果地质和场地周围条件允许，采用放坡开挖，往往是比较经济的。但是在建筑物稠密地区施工，有时不允许按规定的放坡宽度开挖，或有防止地下水渗入基坑要求时，或深基坑（槽）放坡开挖所增加的土方量过大，此时需要用土壁支护结构来支撑土壁，来保证施工的顺利和安全，并减少对相邻已有建筑物等的不利影响。

当需设置土壁支护结构时，应根据工程特点、开挖深度、地质条件、地下水位、施工方法、相邻建筑物情况等进行选择和设计。土壁支护结构必须牢固可靠，经济合理，确保施工安全。常用的土壁支护结构有钢（木）支撑、板桩、灌注桩、深层搅拌桩、地下连续墙等。

（一）板桩支护

板桩是一种支护结构，可用于抵抗土和水所产生的水平压力，既挡土又挡水（连续板桩）。当开挖的基坑较深、地下水位较高且有可能发生流砂时，如果未采用井点降水方法，则宜采用板桩支撑，使地下水在土中渗流的路线延长，降低水力坡度，阻止地下水渗入基坑内，从而有效防止流砂产生。在靠近原建筑物开挖基坑（槽）时，为了防止原有建筑物基础下沉，通常也多采用板桩支撑进行支护。

板桩的常用种类有木板桩、钢筋混凝土板桩、钢板桩和钢（木）混合板桩式支护结构等。在板桩支护结构中，钢板桩因其可以多次重复使用、打设方便、承载力高等优点，应用最广泛。

钢板桩是由带锁口或钳口的热轧型钢制成，把这种钢板桩互相连接打入地下，就形成连续钢板桩墙，既能挡土亦能挡水。在施工时，先打下钢板桩挡住土，再挖土，故桩与土密贴，坑壁土体位移小，沉陷也就小。钢板桩适用于软弱地基及地下水位较高、水量较多的深基坑支护结构，但在砂砾及密实砂土中施工困难。钢板桩断面式很多，常用的钢板桩有平板形、Z 形、波浪形（通常称为"拉森"板桩）几类。平板桩容易打入地下，挡水和承受轴向力的性能良好；但长轴方向抗弯能力较小；波浪形板桩挡水和抗弯性能都较好。"拉森"式钢板桩的长度一般有 12m，18m，20m 三种，并可根据需要焊接成所需长度。为了适应高层建筑施工中因基坑开挖深度的增加或因其他原因而对钢板桩刚度的要求，也就是说，要求有更大截面模量的钢板桩，而这并非一般热轧钢板桩所能解决的，于是，国外出现了大截面模量的组合式钢板桩。

板桩支撑根据有无锚碇或支撑结构，分为无锚板桩和有锚板桩两类。无锚板桩即为悬臂式板桩，是依靠入土部分的土压力来维持板桩的稳定，它对于土的性质、荷载大小等较为敏感，一般悬臂长度不大于 5m。有锚板桩是在板桩上部用拉锚或顶撑加以固定，以提高板桩的支护能力。根据拉锚或顶撑层数不同，又分为单锚（撑）钢板桩和多锚（撑）钢板桩。实际工程当中，悬臂板桩与单锚（撑）板桩应用较多。

总结单锚板桩的工程事故，其失败原因主要有三个方面：

（1）板桩的入土深度不够。当板桩长度不足或由于挖土超深或坑底土过于软弱，在土压力作用下，可能使板桩入土部分向外移动，使板桩绕拉锚点转动失效，坑壁滑坡。

（2）板桩本身刚度不足。由于板桩截面太小，刚度不足，在土压力作用下失稳而弯曲破坏。

（3）拉锚的承载力不够或长度不足。拉锚承载力过低被拉断，或锚碇位于土体滑动面内而失去作用，使板桩在土压力作用下向前倾倒。

此外，也可能是因为软黏土发生圆弧滑动而引起整个板桩体系的破坏。

因此，对于单锚板桩，入土深度、锚杆拉力和截面弯矩被称为单锚板桩设计的"三要素"。

由（1）和（2）两种原因引起的破坏，除设计误差问题外，常常是因为施工时，大量弃土无计划地堆置于板桩后面的地面上所引起的，尤其雨季施工更易发生上述破坏，因此，要特别注意。

（二）灌注桩支护

用灌注桩作为深基坑开挖时的土壁支护结构，具有布置灵活、施工简便、成桩快、价格低等优点，所以发展较快，应用日趋广泛。灌注桩施工可采用人工挖孔灌注桩、干挖孔灌注桩、钻孔（泥浆护壁）灌注桩、螺旋钻孔灌注桩、沉管灌注桩等，灌注桩支护结构的结构类型及其适用范围见表1-3，只采用稀疏排桩挡土时，应采用可靠的降水措施以防止管涌和流砂现象发生，保证挖土和地下结构施工的便利利进行。当采用人工挖孔桩时多用此法，亦适用于其他类型灌注桩挡土结构。采用该法时，桩间距不宜过大，以防林间土体失稳。

连续排桩结构是将灌注桩（钢筋混凝土或素混凝土的）连续排列而成的一种连续式挡土结构，在桩排列紧密时可起到防渗作用，从而不用井点降水，挡土止水一次完成。其桩的排列方式有多种，表1-3所示为常用排列方式，其中黑色桩为素混凝土桩，或采用砂桩注入砂浆或化学浆液形成无筋桩。

表1-3　灌注桩支护结构类型及其适用范围

结构类型		适用范围
排桩结构	稀疏排桩	土质较好（黏土、砂土），地下水位较低或降水效果好的土层
	连续排桩	土质较差、地下水位高或降水效果差的土层
	框架式或双排式排桩	单排桩刚度或承载力不足时，适用于砂土、黏土层
组合排桩结构（排桩为平面直线形或平面拱形）	排桩加钢丝网水泥抹面	粘土、砂土和地下水位较低的土层
	排桩加压密注浆止水	排桩承重，压密注浆止水有防渗作用，用于中砂及黏性土层
	排桩加深层搅拌桩止水	排桩承重，深层搅拌桩相互搭接（＞200mm）成平面或拱形.有较好防漏、防渗效果，用于软弱地层
	排桩加水泥旋喷桩止水	排桩承重.旋喷桩（水泥防渗墙）止水，用于软土、砂性土
	排桩加薄壁混凝土防渗墙	排桩承重，射水法施工的薄壁混凝土连续墙止水，用于开挖深度较深、地下水位较高的软土、砂性土
排桩或组合排桩加内支撑结构		排桩和内支撑承重，各种止水措施防渗，适用于悬臂桩承载力、刚度无法满足要求时
排桩或组合排桩加土层锚杆结构		适用于排桩和组合排桩承载力、刚度无法满足要求，开挖深度在8m以上者

双排式灌注桩支护结构一般采用直径较小的灌注桩作双排布置,桩顶用圈梁连接,形成门式结构以增强挡土能力。当场地条件许可、单排桩悬臂结构刚度不足时,如经济指标较好,可采用双排桩支护结构。该种结构最大的特点是水平刚度大,位移小,施工简便。

双排桩在平面上可按三角形布置,也可按矩形布置。前后排桩距 δ =1.5~3.0m(中心距),桩顶连梁宽度一般为(δ +d+20),即比双排桩稍宽一点。

当稀疏排桩间距 S 较大,桩间土体自身稳定性不足时,可在桩内侧(开挖面一侧)用钢丝网水泥抹面挡土。桩间净距一般在 1.0m 以内,顶部用圈梁连接,使桩受力均匀。

若开挖基坑附近有道路、地下管线或原有建筑物距离较近,开挖降水时,可能会引起地面沉降或不均匀沉降,从而导致地面下沉、管线损坏、原有建筑物开裂等不良后果。为了防止此种现象的产生,在支护结构施工时,一般可促使支护结构形成连续帷幕,在挡土的同时起阻水作用。除前述密排灌注桩外,还可以采用排桩加压密注浆止水、排桩加深层搅拌桩止水、排桩加水泥旋喷桩止水、排桩加薄壁混凝土防渗墙止水等组合支护结构。在排桩挡土的基础之上,增设连续帷幕(另设或与排桩结合)止水,施工时,应注意采取措施以保证支护结构的连续性,以确保止水效果良好。

当基坑开挖深度过大,上述悬臂式支护结构不能满足要求(变形较大或截面过大)时,可采用内支撑或土层锚杆,增加支护桩的中间支点,减少悬臂长度,从而使桩的截面减小。内支撑或土层锚杆的层数与数量影响支护桩、内支撑或锚杆的截面尺寸,应充分考虑施工方便并通过技术经济比较后来进行确定。

(三)水泥土深层搅拌桩支护

水泥土深层搅拌桩是加固软土地基的一种新方法,它是利用水泥、石灰等材料作为固化剂,通过深层搅拌机械,将软土和固化剂(浆液或粉体)强制搅拌,利用固化剂和软土之间所产生的一系列物理、化学反应,使软土硬结成具有整体性、水稳定性和一定强度的桩体。当其用作支护结构时,可作为重力式挡土墙,利用其自身重量挡土,同时,连续搭接(止水时 ≥200mm)形成的连续结构可兼作止水结构。当用于高层建筑深基坑支护结构时,一般基坑实际开挖深度不大于 7m,且基坑四周有一定宽度的施工场地。

根据水泥加固土的室内外试验结果,水泥土深层搅拌桩一般适用于加固各种成因的饱和软黏土如:流塑、软塑、软塑、可塑的黏性土、粉质黏土(包括淤泥、淤泥质土)和松散、稍密的粉土、砂性土。而对于有机含量高、酸碱度(pH 值)较低的黏性土的加固效果较差。另外,由于水泥土深层搅拌桩施工时,搅拌头对土体的强制搅拌力是由动力头(电动机)产生扭矩,再通过搅拌轴的转动传递至搅拌头的,因此其搅拌力是有限的,如土质过硬或遇地下障碍卡住搅拌头时,电动机工作电流将上升超过额定值,电机有可能被烧坏。因此,水泥土深层搅拌桩不适用于含有大量砖、瓦的填土、厚度较大的碎石类土、硬塑以上的黏性土和中密以上的砂性土,当上层中夹有条石、木桩、城砖、古墓,洞穴等障碍物时,也不适用于水泥土深层搅拌桩。

（1）水泥土搅拌桩的构造要求

根据目前的水泥土深层搅拌桩施工工艺,当用于深基坑支护结构中时,水泥土深层搅拌桩在平面上可排列成壁式、格栅式和实体式三种形式。在这之中,壁式（单排或双排）主要用于组合支护结构中的止水帷幕中,格栅式和实体式一般用作挡土兼止水支护结构（水泥土挡墙）。

格栅式水泥土挡墙,沿墙体纵向的相邻拉结格构墙之间的距离一般取墙宽,但不应大于5m,拉结格构墙沿纵向的总厚度不应小于纵向长度的四分之一;挡墙的转角处宜采用圆弧形实墙（实体式九纵向墙体与拉结格构墙搭接均不应小于150mm,作为止水的纵墙搭接应不小于200mm。

（2）水泥土深层搅拌桩的设计

在此仅介绍水泥土深层搅拌桩水泥土挡墙的设计.水泥土挡墙可参照重力式挡土墙的设计与计算方法进行设计。对挡墙来说,主要包括挡墙底面水平滑动稳定性验算、墙体抗倾覆稳定性验算、土体的整体稳定性验算和墙身材料强度验算（承载力验算）。另外,还需要对基坑开挖后基坑内管涌(流砂)、隆起的可能性以及地面沉降等进行验算。

1）预搅下沉

启动搅拌机电机,放松起重机钢丝绳,使搅拌机在自重和转动力矩作用下沿导向架边搅拌切土边下沉,下沉速度可由电动机的电流监测表和起重卷扬机的转速控制,工作电流不应大于70A。

2）制备水泥浆

待深层搅拌机下沉到设计深度后,开始按设计配合比拌制水泥浆,压浆前,将拌好的水泥浆通过滤网倒入集料斗之中。

3）喷浆搅拌提升

深层搅拌机下沉到设计深度后,开启灰浆泵将水泥浆压入地基中,并且边喷浆边旋转搅拌头,同时严格按照设计确定的提升速度提升深层搅拌机。

4）重复搅拌下沉和喷浆提升

重复步骤3）和步骤4）,当深层搅拌机第二次提升至设计桩顶标高时,应正好将设计用量的水泥浆全部注入地基土中,如未能进行全部注入,应增加一次附加搅拌,其深度视所余水泥浆数量而定。

5）清洗管路

每隔一定时间（视气温情况及注浆间隔时间而定），清洗管路中的残余水泥浆，以保证注浆顺利，不堵管。清洗时，用灰浆泵向管路中压入清水进行。

（3）水泥土搅拌桩施工质量检查与控制

1）桩位准确，桩体垂直

放线桩位与设计位置误差不得大于 20mm，桩机就位与桩位的误差不得大于 50mm，成桩后与设计位置误差应小于 100mm。

为保证搅拌机垂直于地面，桩机就位后，导向架的垂直度偏差不得超过 1%，应加强检查。

2）水泥浆不得离析

水泥浆要严格按设计的配合比拌制（一般水灰比为 0.4~0.6），制备好的水泥浆停置时间不宜过长（＜2h），不得有离析现象。

3）确保水泥搅拌桩强度和均匀性

搅拌机搅拌下沉时，应控制下沉速度（一般不超过 0.7m/min），来保证使软土充分搅碎。如下沉困难，可由输浆管适量冲水，以加速搅拌机下沉，但在喷浆前，须将输浆管中的水排清，同时应考虑冲水对桩体质量产生的影响。

在施工时，要严格按设计要求控制喷浆量和搅拌提升速度（一般不超过 0.5m/min）。输浆时，应连续供浆，不允许断浆。如因故断浆，应该将搅拌机下沉到断浆点以下 0.5m 处再喷浆提升。

4）确保加固体的连续性

相邻桩的施工间隔不得超过 24h，否则应采取技术措施保证加固体的连续性（俗称接头处理）。

三、地下连续墙

地下连续墙的施工工艺是利用特制的成槽机械在泥浆（又称稳定液，如膨润土泥浆）护壁的情况下进行开挖，形成一定槽段长度的沟槽；再将在地面上制作好的钢筋笼放入槽段内。采用导管法进行水下混凝土浇筑，完成一个单元的墙段，各墙段之间的特定的接头方式（如用接头管或接头箱做成的接头）相互连接，形成一道道连续的地下钢筋混凝土墙。地下连续墙围护呈封闭状，则在基坑开挖后，加上支撑或锚杆系统，就可挡土和止水，便利了深基础的施工。如将地下连续墙作为建筑的承重结构，则经济效益更好。

地下连续墙工艺具有以下四个优点：

1.墙体刚度大，整体性好，因而结构和地基变形都较小，既可用于超深围护结构，也可用于主体结构。

2.适用各种地质条件。对砂卵石地层或要求进入风化岩层时，钢板桩就难以施工，但却可采用合适的成槽机械施工的地下连续墙结构。

3.可减少工程施工时对环境的影响。施工时振动少，噪声低；对周围相邻的工程结构和地下管线的影响较小，对沉降及变位较易控制。

4.可进行逆筑法施工，有利于加快施工进度，降低造价。

但是，地下连续墙施工法也有不足之处，这主要表现在以下几个方面：

1.对废泥浆处理，不但会增加工程费用，如泥水分离技术不完善或处理不当，会造成新的环境污染。

2.槽壁坍塌问题。如地下水位急剧上升、护壁泥浆液面急剧下降、土层中有软弱疏松的砂性夹层、泥浆的性质不当或已变质、施工管理不善等，均可能引起槽壁坍塌，引起邻近地面沉降，危害邻近工程结构和地下管线的安全。同时也可能使墙体混凝土体积超方，墙面粗糙和结构尺寸超出允许界限。

3.地下连续墙如用作施工期间的临时挡土结构，则造价可能较高，不够经济。

地下连续墙围护比排桩与深层搅拌桩围护的造价要高，要根据基坑开挖深度、土质情况和周围环境情况，并经过技术经济进行比较认为经济合理，才可采用。一般来说，当在软土层中基坑开挖深度大于10cm、周围相邻建筑或地下管线对沉降与位移要求较高、或用作主体结构的一部分、或采用逆筑法施工时，可采用地下连续墙。

（一）地下连续墙的施工机具

地下连续墙的施工大体上需要经过六个环节的工艺过程，即导墙、成槽、放接头管、吊放钢筋笼、浇捣水下混凝土及拔出接头管成墙等。

1.成槽设备

成槽机具设备是地下连续墙施工的主要设备。由于地质条件变化很多，目前还没有能适用于所有地质条件的万能成槽机。因此，根据不同的土质条件和现场情况，选择不同的成槽机是极为重要的。

目前使用的成槽机，按成槽机理可分为抓斗式、回转式和冲击式三种。

（1）抓斗式成槽机

抓斗式成槽机，以其斗齿切削土体，将土渣收容在斗体内，开斗放出土渣，再返回到挖土位置，重复往返动作，即可完成挖槽作业，这种机械是最简单的成槽机。

（2）回转式成槽机

以回转的钻头切削土体进行挖掘，钻下的土渣随循环的泥浆排出地面，钻头回转方式与挖槽面的关系有直挖和平挖两种。按照钻头数目来分，有单头钻和多头钻之分，单头钻主要用来钻导孔，多头钻多用来挖槽。

回转式成槽机的排土方式一般均为反循环形式，排泥泵为潜水式，功率较高，钻机用钢索吊住，边排泥边下放，泵的能力可以选择，大的可以将卵石、漂石吸出，挖槽的速度是极快的。与其他挖槽机相比，这类机械的机械化程度较高，零部件很多，维修保养要求比较高，要有熟练的技术。

（3）冲击式成槽机

冲击式成槽机有各种形状的钻头，通过上下运动或变换运动方向，冲击破碎地基土，借助泥浆循环把土渣带出槽外。

冲击钻机是依靠钻头的冲击力破碎地基土，所以不但可以对一般土层适用，对卵石、砾石、岩层等地层亦适用。另外，钻头的上下运动保持垂直，所以挖槽精度亦可得到保证。

2. 泥浆系统

泥浆系统由泥浆制备、泥浆处理设备、泥浆循环系统三部分组成。

（1）泥浆制备

泥浆制备主要采用泥浆搅拌机。搅拌机按搅拌方法分两种，一是以螺旋桨高速旋转造成快速涡流进行搅拌的"高速旋转式搅拌机"，另一种是利用高压射水的喷射引力吸入膨润土进行搅拌的"喷射式搅拌机"。通常以使用第一种居多。

（2）泥浆处理设备

一般情况下，泥浆从沟槽里排出地面之后，在流进沉淀池之前要经过振动筛处理，由振动筛分离出来的土渣和泥浆，最好都能够以自然落下的方式进入排渣槽和沉淀池。

（3）泥浆循环系统

泥浆循环系统主要由循环泵、循环泥浆贮浆池及排渣设备等组成。

3. 混凝土灌注系统

接头管一般以圆形为主，也有方形或异形接头管（接头箱）。导管的直径为200~300mm。为方便拆装应采用快速接头，一般为螺纹连接。混凝土浇筑后需用拔管机将接头管拔出。可用专用液压拔管机或大型吊机、振动拔桩锤等。

（二）地下连续墙的施工方法

1. 导墙施工

导墙在地下连续墙施工时起如下作用：

（1）在成槽时起挡土作用；

（2）用来确定成槽位置与单元槽段划分，还可以用作测定成槽精度、标高、水平及垂直等的基准；

（3）用于支承成槽机；

（4）防止泥浆流失及雨水流入槽内等。

导墙的一般形式如图1-1所示。图1-1中形式（a）断面最简单，适用于表层土性良好和导墙上荷载较小的情况；形式（b）为应用较多的形式，适用于表层土为杂填土、软黏土等承载力较低的情况，将导墙做成倒"L"形或上、下部皆向外伸出的"I"形；形式（c）适用于作用在导墙上的荷载很大的情况，可根据荷载的大小增减其伸出部分的长短。

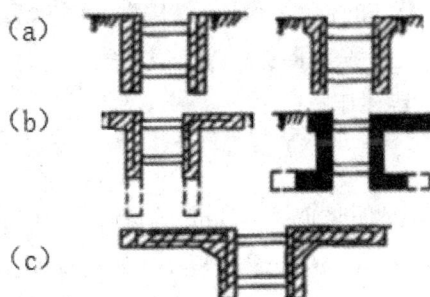

图1-1　混凝土导墙断面形式

2. 泥浆护壁技术

（1）泥浆的组成与作用

地下连续墙用的护壁泥浆主要有膨润土泥浆，其成分为膨润土、水和一些掺和物。泥浆的作用为：固壁、携砂、冷却和润滑。在这之中，固壁作用至关重要。

（2）泥浆性能及质量控制指标

①泥浆密度

泥浆密度是一项极为重要的指标，须严格控制。泥浆密度宜每两小时测定一次。一般新制备的泥浆的密度应小于1.05；在成槽过程中由于泥浆中混入泥土，比重上升，但为了能顺利地浇筑混凝土，希望在成槽结束后，槽内泥浆的密度不大于1.15，槽底部泥浆的密度不大于 1.25。泥浆密度过大，不但会影响混凝土的浇筑，而且由于其流动性差而泥浆循环设备的功率消耗亦大。

②泥浆的黏度

泥浆要有一定的黏度，才可确保槽壁稳定。黏度可用漏斗形黏度计进行测定。不同的土质，有无地下水，挖槽方式，泥浆循环方式等对黏度有不同的要求。砂质土中的端度应大于黏性上，地下水丰富土层要大于无地下水土层。泥浆静止状态下的成槽，尤其是用大型抓斗上下提拉的成槽方式，因为容易使槽壁坍塌．故黏度要大于泥浆循环成槽时的数值。

③泥浆失水量和泥皮厚度

泥浆在沟槽内受压力差的作用，泥浆中的部分水会渗入土层，这种现象叫泥浆失水，渗失水的数量叫失水量，一般用 30min 内在一定压力作用下渗过一定面积的水量来进行表示，单位为 mL/30min。在泥浆失水时，于槽壁上形成一层固体颗粒的胶结物叫泥皮。泥浆失水量小，泥皮薄而致密，有利于稳定槽壁。

④泥浆 pH 值

泥浆 pH 值表示泥浆酸碱性的程度：pH=7 为中性，pH ＜ 7 为酸性，pH ＞ 7 为碱性。膨润土泥浆呈弱碱性，pH 值一般为 8~9.5，pH 值越大，碱性越强，pH 值 ＞ 11，泥浆会造成分层现象，失去了护壁作用。

⑤泥浆胶体率与稳定性

泥浆的胶体率是将 100mL 泥浆倾入 100mL 的量筒中，用玻璃片盖上静置 24h 后，观察量筒上部澄清液的体积。如其澄清液为 5mL，则该泥浆的胶体率为 95%，沉淀率为 5%。泥浆胶体率一般应大于 95%。

泥浆稳定性又称沉降稳定性，是衡量在地心吸力作用下是否容易下沉的性质。若下沉速度很小，甚至可略而不计，则称此种分散体系具有沉降稳定性。测定方法是将泥浆注满稳定计（也可用量筒代替），静置 24h 后，分别量测上、下部分的泥浆密度，其上、下部分密度的差值用以表示泥浆的稳定性。

（2）泥浆的制备

①材料的选择

膨润土在使用前要了解其化学成分，因为不同的膨润土，泥浆的浓度、外加剂的种类和掺量、泥浆的循环使用次数等亦不同。

一般情况下，钠膨润土比钙膨润土的湿胀性大，但是容易受到阳离子造成的影响，所以，对于水中含有大量阳离子或在施工过程可能产生阳离子污染时，宜采用钙膨润土。

外加剂有分散剂、增黏剂、加重剂与防漏剂。分散剂要选用不增加泥浆失水量的分散剂，如碳酸钠、三（聚）磷酸钠等。增黏剂的选择取决于施工要求的泥浆黏度，一般常用羧甲基纤维素（CMC）作为增粘剂。加重剂是为了加大泥浆比重，增强泥浆的液体支撑力，常用的加重剂掺和物是重晶石（密度 4.1~4.2g／cm³）。防漏剂是为在透水性较大的上层中防止泥浆漏失而掺入的外加剂，如锯末、蛭石粉末等。

②泥浆配合比的确定

应首先根据为保持槽壁稳定所需的黏度来确定膨润土的掺量（一般为 6%~9%）和增粘剂 CMC 的掺量（一般为 0.013%~0.08%）。分散剂的掺量一般为 0%~0.5%。我国常用的分散剂是纯碱。

确定泥浆配合比，要根据原材料的特性，参考常用的配合比，通过试配后，经过不断修正，最后确定适用配合比。

③泥浆的制备

泥浆制备包括泥浆搅拌与沉浆贮存。

泥浆搅拌机常用的有高速回转式搅拌机和喷射式搅拌机两类。高速回转式搅拌机（亦称螺旋桨式搅拌机），由搅拌机筒和搅拌叶片组成，它以高速回转（1000~1200r／min）的叶片使泥浆产生激烈的涡流，将泥浆搅拌均匀。喷射式搅拌机是利用喷水射流进行拌和的搅拌方式，可以进行大容量的搅拌。其工作原理是用泵把水喷射成射流状，利用喷嘴附近的真空吸力，把加料器中膨润上吸出与射流进行拌和。用此法拌和泥浆，在泥浆达到设计浓度之前，可以循环进行。即喷嘴喷出的泥浆进入贮浆罐，如未达到设计浓度，贮浆罐中的泥浆再由泵经喷嘴与膨润土拌和，如此循环，直至泥浆达到设计浓度。目前我国在地下连续墙施工中，多用此法进行泥浆制备。

制备膨润土泥浆一定要充分搅拌，否则，如果膨润土溶胀不充分，会影响泥浆的失水量和黏度。一般情况下，膨润土和水混合 3h 后就有很大的溶胀，可供施工使用，经过 1d 就可达到完全溶胀。

增黏剂 CMC 较难溶解，最好先用水将 CMC 溶解成 1%~3% 的溶液，再掺入泥浆进行拌和。否则，宜慢慢地向泥浆中掺加，这可有效地增加泥浆的黏度。如一次投入，易形成未溶解的泥团状物体，不能充分发挥其作用。使用喷射式搅拌机，可提高 CMC 的溶解效率。

制备泥浆的投料顺序，一般按照水、膨润土、CMC、分散剂、其他外加剂的次序进行。由于 CMC 溶液可能会妨碍膨润土溶胀，宜在膨润土之后投入。

为使泥浆在地下连续墙施工中充分发挥作用，最好在泥浆充分溶胀，即贮存 3h 以上再使用。贮存泥浆可用钢贮浆罐或地下、半地F式贮浆池，其容积应满足施工需要。

（3）泥浆的再生处理

在地下连续墙施工中，泥浆要与砂、土、混凝土和地下水等接触、膨润土、掺和料等会有所消耗，而且会混入一些土渣和电解质离子等，使泥浆劣化。劣化后的泥浆要作再生处理，即通过加入一部分外加剂，使劣化的泥浆指标满足工程要求，从而再行使用；另一部分废弃浆液则被排放外运。其中重要工序有土渣分离与化学再生处理两道。

①土渣分离处理

有重力沉降处理与机械处理两种方法，最好两种方法组合使有，先经重力沉降处理，利用泥浆和土渣的密度差使土渣沉淀。然后使用振动筛和旋流器，将粒径大和密度大的颗粒分离出去。

②污染泥浆的化学再生处理

浇筑混凝土所置换出来的泥浆，因有土渣混入及混凝土相接触而恶化。当泥浆中有阳离子时，它会吸附在膨润土颗粒的表面，土颗粒就容易相互凝聚，增加泥浆凝胶化倾向。在水泥乳状液中含有大量钙离子时，浇筑混凝土会使泥浆产生凝胶化。这种现象会导致泥皮构成性减弱，也即槽壁稳定性减弱；黏性增高，上渣分离困难：在泵和管道内的流动阻力增大。要改进上述污染泥浆，可使用分散剂。对浇筑混凝土所置换出来的泥浆，在进行化学处理后，再进行土渣分离处理，即能再生调制重复使用。

（4）成槽

成槽是地下连续墙施工中的关键工序。因为槽壁形状基本上决定了墙体外形，因此，挖槽的精度又是保证地下连续墙质量的关键之一。与此同时，成槽约占地下连续墙工期的一半，因此，提高其成槽效率也可以加快施工进度。

1）单元槽段的划分

地下墙施工时，预先沿墙体长度方向把墙体划分为若干个某种长度的施工单元，这种施工单元称为"单元槽段"。

槽段氏度的选择，从理论上来讲，除去小于成槽机氏度的尺寸不能施工外，各种长度均可施工，且愈长愈好。这样能减少地下墙的接头数（因为接头是地下墙的薄弱环节），从而提高了地下墙的防水性能和整体性。但实际上，槽段长度受到许多因素的制约，在确定其长度时，应综合考虑以下因素：

①地质条件

当土层不稳定时，为防止槽壁坍塌，应减少槽段氏度，以缩短成槽时间。

②地面荷载

如附近有高大建筑物或较大的地面荷载时，也应缩减槽段长度，以缩小槽壁的开挖面和暴露时间。

③起重机起重能力

根据起重机的起重能力估算钢筋笼的重量和尺寸，以此推算槽段的长度。

④单位时间内混凝土的供应能力

一般情况下，一个槽段长度内的全部混凝土量，宜在1h内浇灌完毕。

⑤泥浆池（罐）的容积

一般情况下，已有泥浆池（罐）的容积应不小于每一槽段容积的2倍。

此外，划分槽段时，尚应考虑槽段之间的接头位置，一般情况下接头应尽量避免设在转角处或地下连续墙与内部结构的连接处，以保证地下连续墙有较好的整体性。槽段的长度多取3~8m，但也有取1cm甚至更长的情况。

2）成槽机的最小成槽长度

成槽机的挖掘长度与其型式有关，根据可挖单位长度来决定单元槽段。

3）槽壁的稳定

地下墙施工时，应从始至终保持槽壁的稳定，自成槽开始至混凝土浇筑完毕为止，不应发生槽壁坍塌。槽壁稳定主要靠泥浆的静水压力，这个问题在理论上尚未得到很好解决。目前，只能够用泥浆的静水压力与理论计算的土压力值作比较，以此来判断槽壁的稳定。

泥浆护壁仍是目前地下墙施工中保持槽壁稳定的主要方法。选用适当的材料和配比，能得到良好性能的泥浆，保持与外压平衡，可保持槽壁稳定。但实际上，随着泥浆在沟槽内搁置时间的不断延长，其性质也会发生变化。例如，由于泥浆中的土渣沉淀减小了泥浆密度；由于阳离子作用使泥浆恶化，使通过泥皮而渗出水量增多，产生泥浆面下降等。因此，尽管地基土压力和地下水压力没有变化，如长时间搁置，泥浆压力也会减少，泥浆和外压力之间的平衡也将丧失。

在地下墙施工安排中，不可忽视泥浆在槽内放置的时间。所谓放置时间，是指成槽结束到浇筑混凝土之前这段时间，一般条件下，为2~3d。在这段时间内，无需采取特别措施，但要控制泥浆的性质、泥浆液面的高度以及地下水位的变动等，只要没有变化，即无问题。如需搁置较长时间，应增加膨润土的掺量，增加密度。同时应防止沉淀使密度减小，以便于使泥浆形成良好的泥皮或渗透沉积层。在搁置时间内，仍需进行泥浆质量控制，注意泥浆液面和地下水位的变化，防止雨水的流入等。

4）成槽要领

在成槽过程中，要特别注意以下几方面，以保证成槽顺利进行：

①确保场地的平整及地表层地基承载力。在作业场地内有成槽机、起重机、混凝土拌车等机械的运转，必须确保这些机械的正常运转。

②调整并时刻确保成槽机的垂直度。

③及时供应质量可靠的护壁泥浆。

④预先钻孔导向。对重力式抓斗成槽机，如操作人员无足够的经验或土质不理想时，可预先钻孔作导向，这对放置接头管是有利的。

⑤在回填土或极软上层中成槽时，可考虑进行注浆加固，以防止成槽时坍方。

⑥加强槽底清淤工作。清底方法一般有沉淀和置换法两种。沉淀法是在土渣基本都沉淀到槽底之后再进行清底；置换法是在挖槽结束之后，对槽底进行认真清理，然后在土渣还没有再沉淀之前就用新泥浆把槽内的泥浆置换出来，使得槽内泥浆的密度在 1.15 以下。我国多用后者的置换法进行清底。

（5）钢筋混凝土施工要点

1）钢筋笼的加工和吊放

根据地下连续墙墙，体钢筋的设计尺寸，再按照槽段的具体情况，来决定钢筋笼的制作图，钢筋笼最好是尽量按单元槽段组成一个整体。

组装钢筋笼时，要预先定下插入导管的位置，留有足够的空间。由于这部分空间要上下贯通，因而周围须增设箍筋、连接筋以便加固。另外，为了不使钢筋卡住导管，应将纵向主筋放在内侧，而横向副筋放在外侧。纵筋放在槽内时，应距槽底 0.1~0.2m。纵筋底端应稍向里弯曲。钢筋最小间距要保持在 100mm 以上。

为了保证保护层达到规定厚度，可在钢筋笼外侧焊接上用带钢弯成的定位块，用来固定钢筋笼的位置。过去曾用过砂浆垫块，但是在吊下笼时很容易破损以及损伤槽壁壁面。定位块设置在里、外两侧，在水平方向设置两个以上，在竖直方向约 5m 设一个。

钢筋笼长度除特殊情况外，一般不会超过 10m，否则需要分段连接，接头以帮条焊接为宜，接头应尽量布置在应力小的位置。倘使钢筋笼过长，要加剪刀斜撑加固。

钢筋笼与其他结构相联结时，预留筋须先弯曲并用泡沫塑料盖住，待混凝土浇筑完毕后以及将来土体开挖后再定位。

在地下连续墙拐角处的钢筋笼须加工成"L"形，接头不应当留在拐角处而放在直墙部位。

下钢筋笼之前，一定要将孔底残渣清除干净。稳定液的各项指标要符合规定。

钢筋笼起吊时，顶部要用一根横梁（常用工字钢），其长度与钢筋笼尺寸相适应。钢丝绳须吊住四个角。为了不使钢筋笼在起吊时产生弯曲变形，常用两台吊车同时操作（也可用一台吊车的两个吊钩进行工作），一钩吊住顶部（B钩），一钩吊住中间部位（A钩）。为了不使钢筋笼在空中晃动，钢筋笼下端可系绳索用人力控制。

钢筋笼插入槽孔时，最重要的是对准单元槽段的中心。必须注意不要因为起重机操作不当或风的吹动，使笼子摆动而损坏槽壁壁面。在钢筋笼插不下去的时候，必须拔出来查明原因，采取措施重新插入。否则，笼子容易变形，槽壁壁面也容易因碰撞产生大量沉渣。

2）混凝土灌注要点

地下连续墙的墙体混凝土是采用直升导管法浇筑水下混凝土方法灌注的。导管与导管采用丝扣连接，也可采用像消防用皮管的快速接头，以便于在钢筋笼中顺利升降。

槽段的混凝土是利用混凝土与泥浆的密度差浇下去的，故而必须保证密度是在 $1.1g/cm^3$ 以上。混凝土的密度是 $2.3g/cm^3$，槽内泥浆的密度应小于 $1.2g/cm^3$，若大于 $1.2g/cm^3$，就要影响灌注质量。混凝土要有良好的和易性且不发生离析。

导管的数量与槽段长度有关，槽段长度小于 4m 时，可使用一根导管；大于 4m 时，应使用两根或两根以上导管。导管间距根据导管直径决定，使用 150mm 导管时，间距 2m；使用 200mm 导管时，间距 3m。导管应尽量靠近接头。导管埋入混凝土的深度最小要大于 1.5m，最大要小于 9m，仅在当混凝土浇筑到地下连续墙墙顶附近时，导管内混凝土不易流出的时候，一方面要降低浇筑速度，一方面可将导管的埋入深度减为 1m 左右。如果混凝土再灌注不下去，可将导管作上、下运动，但上、下运动的高度不能超过 30cm。在浇灌过程中，导管不能做横向运动，否则会使沉渣或泥浆混入混凝土内。在灌注过程中，不能使混凝土溢出或流进槽内。

混凝土要连续灌注。不能长时间中断，一般可允许中断 5~10 min，最大值允许中断 20~30min，以保持混凝土的均匀性。混凝土搅拌好之后，以 5h 内灌注完毕为宜，在夏天由于混凝土凝结较快。所以，必须要在搅拌好之后 1h 内尽快浇完，否则应掺入适当的缓凝剂。

在灌注过程中，要经常量测混凝土灌注量和上升高度，量测混凝土上升高度可用测锤。由于混凝土上升面，一般都不是水平的，所以要在三个以上的位置进行测量。

（5）地下连续墙接头施工

为了使地下连续墙槽段与槽段之间很好地连接，保证有良好的止水性和整体性，应根据建造地下连续墙的目的来选择适当的接头型式。下面介绍两种常用的接头施工方法。

1）接头管（连锁管）施工

这是最常用的槽段接头施工方法，其施工顺序如下。

接头管的直径一般要比墙厚小 50mm。管身壁厚一般为 19~20mm。每节长度一般为 5~10m，在施工现场的高度受到限制的情况下，管长可适当缩短。

为便于今后接头管的起拔，管身外壁必须光滑，还可在管身上涂抹黄油，然后用起重机吊放入槽孔内。开始灌注混凝土 2h 后，旋转半圆周，或提起 10cm。一般在混凝土开浇后 3~5h 开始起拔。具体起拔时间，应根据水泥品种、标号、混凝土的初凝时间等来决定。起拔时，一般用 30t 起重机。开始时，约每隔 20~30min 提拔一次，每次上拔 30~100cm。较大工程另备 100t 或 200 t 千斤顶提升架，为应急之用。

接头管拔出后，已浇好的混凝土半圆形表面上，附着有水泥浆与稳定液混合而成的胶凝物，这必须要除去，否则，接头处止水性就会变得更差。胶凝物的铲除须用专门设备，我国有关部门曾用电动刷、刮刀等方法，使用也很简便。

2）接头箱接头

采用接头箱接头，可以使地下连续墙形成整体接头，接头的刚度较好。

接头箱接头的施工方法与接头管的施工方法相似，只是以接头箱代替接头管。一个单元槽段成槽挖土结束后，吊放接头箱，再吊放钢筋笼。由于接头箱的开口面被焊在钢筋笼端部的钢板封住，因而浇筑的混凝土不能进入接头箱。混凝土初凝后，与接头管一样逐步吊出接头箱，待后一个单元槽段再浇筑混凝土时，由于两相邻单元槽段的水平钢筋交错搭接，而形成整体接头。

四、地基处理

地基处理就是按照上部结构对地基的要求，对地基进行必要的加固或改良，提高地基土的承载力，以保证地基的稳定，减少房屋的沉降或不均匀沉降，消除湿陷性黄土的湿陷性，提高其抗液化能力等。

常用的人工地基处理方法有换土垫层法、重锤表层夯实、强夯、振冲、砂桩挤密桩、深层搅拌、堆载预压、化学加固等方法。

（一）换土垫层法

当建筑物基础下的持力层比较软弱，不能满足上部荷载对地基的要求时，常采用换土垫层法来处理软弱地基。换土垫层法是先将基础底面以下一定范围的软弱土层挖去，然后回填强度较高、压缩性较低、并且没有侵蚀性的材料，如中粗砂、碎石或卵石、灰土、素土、石屑、矿渣等，再分层夯实后作为地基的持力层。换上垫层按其回填的材料可分为灰土垫层、砂垫层、碎（砂）石垫层等。

1. 灰土垫层

灰上垫层是将基础底面以下一定范围内的软弱土层挖去，用按一定体积比配合的石灰和黏性土拌和均匀后，在最优含水率情况下分层回填夯实或压实而成。适用于地下水位较低，基槽经常处于较干燥状态下的一般黏性土地基的加固。一般常用的灰土垫层的配合比为 3：7 或 2：8。

2. 砂垫层和砂石垫层

砂垫层和砂石垫层是将基础下面一定厚度软弱土层挖除，然后用强度较高的砂或碎石等回填，并经过分层夯实至密实，作为地基的持力层，起到了提高地基承载力、减少沉降、加速软弱上层排水固结、防止冻胀和消除膨胀上的胀缩等作用。

（二）夯实地基法

1. 重锤夯实法

重锤夯实是用起重机械将夯锤提升到一定高度后，利用自由下落时的冲击能重复夯打、击实基土表面，使其膨成一层比较密实的硬壳层，从而使地基得到加固。适用于处理高于地下水位 0.8m 以上稍湿的黏性土、砂土、湿陷性黄土、杂填土和分层填土地基的加固处理。

2. 强夯法

强夯法是用起重机械将重锤（一般 8~30t）吊起从高处（一般 6~30m）自由落下，对地基反复进行强力夯实的地基处理方法。适用于处理碎石土、砂土、低饱和度的黏性土、粉土、湿陷性黄土及填土地基等的深层加固。

强夯所产生的振动和噪声很大，会对周围建筑物和其他设施造成影响，在城市中心不宜采用，必要时应采取挖防震沟（沟深要超过建筑物基础深）等防震、隔震措施。

（三）挤密桩施工法

1. 灰上挤密桩

灰土挤密桩是利用锤击将钢管打入土中，侧向挤密土体形成桩孔，将管拔出后，在桩孔中分层回填 2：8 或 3：7 灰土并夯实而成，与桩间土共同组成复合地基以承受上部荷载。适用于处理地下水位以上、天然含水量 12%~25%、厚度 5~15m 的素填土、杂填土、湿陷性黄土以及含水率较大的软弱地基等。

2. 砂石桩

砂桩和石桩统称砂石桩，是指用振动、冲击或水冲等方式在软弱地基中成孔后，再将砂或砂卵石（或砾石、碎石）挤压入土孔中，形成大直径的由砂或砂卵（碎）石所构成的密实桩体。适用于挤密松散砂土、素填土和杂填土等地基，起到了挤密周围土层、增加地基承载力的作用。

3. 水泥粉煤灰碎石桩

水泥粉煤灰碎石桩（Cement Fly-ash Gravel Pile）简称 CFG 桩，是最近年发展起来的处理软弱地基的一种新方法。它是在碎石桩的基础上掺入适量石屑、粉煤灰和少量水泥，加水拌和后制成的具有一定强度的桩体。

（四）深层密实法

1. 振冲法

振冲法，又称振动水冲法，是以起重机吊起振冲器，启动潜水电机带动偏心块，使振冲器产生高频振动，同时开动水泵，通过喷嘴喷射高压水流成孔，然后分批填以砂石骨料，借振冲器的水平及垂直振动，振密填料，形成的砂石桩体与原地基构成复合地基。以提高地基的承载力，减少地基的沉降和沉降差的一种快速、经济有效的加固方法。振冲桩适用于加固松散的砂土地基。

2. 深层搅拌法

深层搅拌法是利用水泥浆做固化剂，采用了深层搅拌机在地基深部就地将软土和固化剂充分拌和，利用固化剂和软土发生一系列物理、化学反应，使之凝结成具有整体性、水稳性好和较高强度的水泥加固体，与天然地基形成复合地基。

深层搅拌法适于加固较深、较厚的淤泥、淤泥质土、粉土和承载力不大于 0，12MPa 的饱和黏土和软黏土、沼泽地带的泥炭土等地基。

（五）预压法—砂井堆载预压法

砂井堆载预压是在含饱和水的软土或杂填土地基中用钢管打孔，灌砂设置一群排水砂桩（井）作为竖向排水通道，并在桩顶铺设砂垫层作为水平排水通道，先在砂垫层上分期加荷预压。使土中孔隙水不断通过砂井上升至砂垫层，排出地表，进而在建筑物施工之前，地基土大部分先期排水固结，减少了建筑物沉降，提高了地基的稳定性。适用于处理深厚软土和冲填土地基，多用于处理机场跑道、水工结构、道路、路堤、码头、岸坡等工程地基，对于泥炭等有机质沉积地基则不适用。

五、桩基础

桩基础是广义深基础中的一种。它是由桩和连接桩顶的承台组成，在承台上建造上部结构。

桩基础中，桩的作用是借其自身穿过松软的压缩性土层，将来自上部结构的荷载传递到地下深处具有适当承载力、且压缩性较小的土层或岩石上，或者将软弱土层挤压密实，从而提高地基土的承载能力，来减少基础的过多沉降量。承台的作用则是将各单桩联成整体，以承受并传递上部结构的荷载给群桩。桩基础不仅具有承载力大、沉降量小的特点，而且更加便于实现机械化施工。尤其当软弱土层较厚，上部结构荷载很大，天然地基的承载能力不能满足设计要求时，采用桩基础则施工中可省去大量土方挖填、支撑装拆及降排水设施布设等工序，因而一般均能获得较好的经济效果。

桩的种类较多。按桩上的荷载传递机理可分为端承桩和摩擦桩两种类型。端承桩是指在极限承载力状态下，桩顶荷载由桩端阻力承受的桩；摩擦桩是指在极限承载力状态下，桩顶荷线由桩侧阻力承受的桩。按机身的材料可分为木桩、混凝土或钢筋混凝土桩、金属桩、砂石（灰）桩等四种类型。木桩自重小，具有一定的弹性，又便于加工、运输和施工，但是承载力小，在干湿变化的环境中易腐烂，只在木材产地使用；混凝土和钢筋混凝土桩坚固耐用，承载力大，可按需要的截面形状和长度制作，不受到地下水位变化的影响，施工也方便，在建筑工程中应用最为广泛；金属桩承载力高，设计灵活性大，桩长容易调节，运输较方便，但耗钢量大、成本高，目前我国只在少数重点工程中使用；砂石（灰）桩可就地取材，不用"三材"，价格低廉，主要用于饱和软土层或松散杂填土的地基加固，起到排水固结及挤密土层的作用。按沉粒的施工方法可分为挤土桩（包括打人式和压人式预制桩）、部分挤土桩（包括预钻孔打入式预制桩和部分挤上灌注桩）、非挤上桩（各种非挤土灌注桩）和混合桩等四种类型。其中以采用混凝土预制桩和灌注桩最为普遍，本行主要介绍这两种桩的施工。

（一）钢筋混凝土预制桩的施工

混凝土预制桩（简称预制桩）是一种先预制桩构件，然后将其运至桩位处，用沉桩设备把它沉入或埋入土中而成的桩。采用预制桩施工，其桩身质量易保证，机械化程度高，施工速度快，且不受到气候条件变化的影响。但在土层变化复杂情况下一桩的规格较多，桩入土后易被冲压破损而达不到设计标高，预制桩的施工过程主要有桩的预制和桩的沉入两个阶段。

1. 桩的预制

预制桩有实心桩和空心桩两种。为了便于预制，通常桩部做成方形截面的实心桩，其边长一般为 250~550mm，在工地预制。为了减少混凝土用量，也可做成圆形截面的空心桩，其外径一般为 300~550mm，在工厂用离心法预制。这种桩由于工厂化生产，不占施工场地，产量高，而且混凝土强度也高，还可以做成预应力管桩。单根桩的预制长度取决于制作场地、运输装卸能力和桩架高度。工厂预制时桩长一般不超过 12m；工地预制时，桩长一般不超过 30m，且要求桩长 L≤50 倍截面边长或外径，否则必须先分段预制，然后在沉桩过程中加以接长。

（1）桩的制作

为适应预制桩施工全过程的需要，桩身混凝土强度等级宜不低于 C30，并由粒径为 5~40mm 的碎石或碎卵石粗骨料制作，不得以细骨料代用。钢筋骨架宜用点焊或绑扎，主筋用对焊或电弧焊连接，且主筋接头在桩身同一截面内的配置应该符合下列要求：当为闪光焊和电弧焊时，对受拉钢筋不得超过 50%；相邻两根主筋接头截面的间距应大于 35d（d 为主筋直径），且不小于 500mm。主筋切割齐平，其桩顶部钢筋网片位置要准确，混凝土保护层厚度要均匀，来确保钢筋骨架受力不偏心，使混凝土有良好的抗裂和抗冲击性能；桩尖用短钢筋制作，应对正桩身纵轴线，并伸出混凝土外露 50~100mm，以确保在沉桩过程中的导向作用。

预制桩的制作有并列法、间隔法、重叠法和翻模法等四种制桩方法，工地预制桩多数采用重叠法制作。当采用重叠法制作时，桩的重叠层数一般不超过 4 层；制桩模板要顶平、身直、尖正、尺寸准确；底模和场地应平整坚实，防止浸水沉陷；上下层桩及桩与底模间应刷隔离剂，使接触面不粘结，拆模时不得损坏桩棱角；上层桩或邻桩必须待下层桩或邻桩的混凝土达到设计强度的 30% 后才能浇筑；各层桩的混凝土均应由桩顶向桩尖进行连续浇筑，不得中断和留有施工缝，以保证桩身混凝土有良好的匀质性和密实性；制作完成后应该及时浇水养护不得少于 7d。

（2）桩的起吊、运输

预制桩在混凝土达到设计强度的 75% 后方可起吊，达到设计强度的 100% 后才可运输和沉桩。如需提前吊运和沉桩，则必须要采取措施并经强度和抗裂度验算合格后方可进行。桩在起吊和搬运时，必须做到平稳并不得损坏棱角，吊点应符合设计要求。如无吊环，设计又未作规定时，可以按照吊点间的跨中弯矩与吊点处的负弯矩相等的原则来确定吊点位置。

预制桩的运输方式，当桩在短距离内搬运时，可在桩下垫以滚筒，用卷扬机拖桩拉运；当桩需长距离搬运时，可采用平板拖车或轻轨平板车拖运。桩在搬运前，必须要进行制作质量的检查，桩经搬运后，再进行外观检查，所有质量均应符合规范的有关规定。

（3）桩的堆放

桩运到工地现场后，应该按照不同规格将桩分别堆放，以免沉桩的错用；堆放桩的地面必须平整坚实，设有排水坡度，堆放时不得超过 4 层，各层桩间应置放垫木，垫木的间距可根据吊点位置确定，并应上、下对齐，位于同一垂直线上。

（二）沉桩前的准备工作

为使桩基施工能顺利地进行，沉桩前，应根据设计图纸要求、现场水文地质情况和编制的施工方案，做好以下施工准备工作：

1. 清除障碍物

沉桩前应认真清除现场（桩基周围 10m 以内）妨碍施工的高空、地上和地下的障碍物（如地下管线、地上杆线、旧有房基和树木等），同时还必须加固邻近的危房、桥涵等。

2. 平整场地

在建筑物基线以外 4~6m 范围内的整个区域，或桩机进出场地及移动路线上，应作适当平整压实（地面坡度不大于 10%），并保证场地排水良好。否则，由于地面高低不平，不仅会使桩机移动困难，降低沉桩生产效率，而且难以保证就位后的桩机稳定和入土的桩身垂直，从而导致影响沉桩质量。

3. 进行沉桩试验

沉桩前，应作数量不少于 2 根林的沉桩工艺试验，用以了解桩的沉入时间、最终沉入度、持力层的强度、桩的承载力以及施工过程中可能出现的各种问题和反常情况等，以便检验所选的沉林设备和施工工艺，确定是否符合相关设计要求。

4. 抄平放线、定桩位

在沉桩现场或附近区域，应设置数量不少于两个水准点，以作抄平场地标高和检查桩的入土深度之用。根据建筑物的轴线控制桩，按设计图纸要求定出桩基础轴线（偏差值应 ≤20mm）和每个桩位（偏差值应 410mm）。定桩位的方法，是在地面上用小木机或撒白灰点标出桩位，或用设置龙门板拉线法定出桩位，其中龙门板拉线法可避免因沉桩挤动土层而使小木桩移动，故能保证定位准确。同时也可作为在正式沉桩前，对桩的轴线和桩位进行复核之用。

5. 确定沉桩顺序

确定沉桩顺序，是合理组织沉桩的重要前提，它不仅与能否顺利沉入、确保桩位正确有关，而且还与预制机堆放场地布置有关。桩基施工中宜先确定沉桩顺序，后考虑预制桩堆放场地布局。

沉桩顺序一般有逐排沉设、从中间向四周沉设和分段沉设三种情况。确定沉桩顺序时应考虑的因素很多，如桩的供应条件和桩的起吊进入桩架导管是否方便；沉桩时产生的挤土是否会造成先沉入的桩被后沉入的桩推挤而发生位移，或后沉入的桩是否会被先沉入的桩挤紧而不能入土；桩架移位是否方便，有无空跑现象等。其中，挤土影响为考虑的主要因素。为减少挤土影响，确定沉桩顺序的原则如下：

①从中间向四周沉设，由中及外；

②从靠近现有建筑物最近的桩位开始沉设，由近及远：

③先沉设入土深度深的桩，由深及浅；

④先沉设断面大的桩，由大及小。

沉桩顺序确定后，还需考虑桩架是往后"退沉桩"还是向前"顶沉桩"。当沉桩地面标高接近桩顶设计标高时，沉桩后实际上每根桩还会高出地面。这是由于桩尖持力层的标高不可能完全一致，而预制桩又不能设计成各不相同的长度。因此，桩顶高出地面是不可避免的。在这种情况下，桩架只能采取往后退行沉桩的方法。由于往后退行沉桩不能事先将桩布置在地面，只能随沉桩随运桩。当沉桩后桩顶的实际标高在地面以下时，桩架则可以采取往前顶沉桩的方法。此时只要场地允许，所有的桩都可以事先布置好，避免桩的场内二次搬运。

（三）桩的沉设

预制桩按沉桩设备和沉桩方法，可分为锤击沉桩、振动沉桩、静力压桩和水冲沉桩等数种。现分述如下：

1.锤击沉桩

（1）沉桩设备

锤击沉桩又称打桩。它是利用打桩设备的冲击动能将桩打入土中的一种方法。打桩设备主要分为桩锤和桩架两大部分。

桩锤是对桩施加冲击力，把桩打入土中的工具。桩锤按照其作用原理，可分为落锤、蒸汽锤和柴油锤等多种。

落锤用钢铸成，一般锤重为 5~20kN。其工作是利用人力或卷扬机，将锤提升至一定高度，然后使锤自由下落到桩头上而产生冲击力，将桩逐渐击入土中。落锤适用于黏土和含砂、砾石较多的土层中打桩。但因冲击能对 4 限，生产效率低，打桩速度慢，对桩顶的损伤较大，故只有当使用其他型式的桩锤不经济或小型工程中才被使用。

蒸汽锤是利用蒸汽的动力进行锤击，其效率与土质软、硬的关系不大，常用在较软弱的土层中打桩。按其工作原理可分为单动汽锤和双动汽锤两种，都须配一套锅炉设备。

柴油锤是以柴油为燃料，利用柴油点燃爆炸时膨胀产生的压力，将桩锤抬起，然后自由落下冲击桩顶。如此反复循环运动，把桩打入土中。根据冲击部分的不同，柴油锤可分为导杆式和筒式两种。导杆式柴油锤的冲击部分是沿导杆上下运动的汽缸，筒式柴油锤的冲击部分则是往复运动的活塞。柴油锤具有工效高、构造简单、移动灵活、使用方便、不需沉重的辅助设备、也不用从外部供给能源等优点，但也有施工噪音大、油滴飞散、排出的废气污染环境等缺点，不适于在过硬或过软的土层中打桩。

目前，国外已制造出以下两种类型的桩锤：液压锤和电磁锤。液压锤是由一外壳封闭起来的冲击体所组成，利用液压油来提升和降落冲击缸体，冲击缸体为内装有活塞和冲击头的中空圆柱形体，在活塞和冲击头之间，用高压氮气形成缓冲垫。当冲击缸体下落时，先是冲击头对越施加压力，然后是通过可压缩的短气对桩施加压力，如此可以延长施加压力的过程，使每一锤击能对桩得到更大的贯入度。与此同时，形成缓冲垫的氮气，还可使桩头受到缓冲和连续打击，从而防止了在高冲击力下的损坏。

电磁锤是由两截相连而固定的等直径圆筒和安装在圆筒内的两块相对面的极性相同，等直径、等长度的永久磁铁组成。导磁材料制的上半截圆筒与电源、开关及变速器串联，而非磁性材料制成的下半截圆筒的下端则利用螺栓固定在桩顶上。由于筒内上下两块磁铁相对面的极性相同，故而从始至终都不会接触在一起而保持一定距离。以上磁铁块作为重锤，接通电源后在上半截圆筒所产生的磁力作用下，进行上下往复运动；下磁铁块的底端也是固定在桥顶上施工时接通电源后，由于上半截圆筒内产生磁力作用，立即将磁铁块吸引上来。当变速器内开关断电时，上半圆筒内的磁力立即消失，上磁铁块便自由下落。由于上下两磁铁块的相对面的极性相同，因而产生相斥，故当下落的上磁铁块降落到圆筒内的一定位置时，便使下磁铁块产生了反作用力。利用该反作用力将桩击入土中。随电源启闭，重锤便在筒内上下往复循环，如此逐渐把桩打到设计标高位置。以上这两种桩锤施工时无噪音、无废气污染、冲击能量大，但目前尚未普遍使用。

桩架的作用是吊桩就位，固定桩的位置，承受桩锤和桩的重量，在打桩过程中引导锤和桩的方向，并保证桩锤能沿着所要求的方向冲击桩体。

桩锤重量的选择，应以土质情况为主，综合考虑现场环境、施工情况、设备条件以及桩的类型、规格和重量等各种因素来选定桩锤重量。若是选锤不当，将造成打不下或损坏桩的现象。锤重与桩重的比例关系，一般是根据土质的沉桩难易度来确定。

桩架的选用，首先要满足锤型的需要。若是柴油锤，最好选用三点支撑式履带行走桩架。

若是蒸汽锤，只能选用塔式桩架或直式桩架。其次，选用的桩架还必须符合如下要求：

①使用方便，安全可靠，移动灵活，便于装拆；

②锤击准确，保证桩身稳定，生产效率高，能适应各种垂直和倾斜角的需要；

③桩架的高度 = 桩长 + 桩锤高度 + 桩帽高度 + 滑轮组高度 +1~2m 的起锤工作余地的高度。

（2）打桩工艺

①吊桩就位

按既定的打桩顺序，先将桩架移动至桩位处并用缆风绳拉牢，然后将桩运至桩架下，利用桩架上的滑轮组，由卷扬机提升桩。当桩提升至直立状态后，即可将桩送入桩架的龙门导管内，同时把桩尖准确地安放到桩位上，并与桩架导管相连接，以保证打桩过程中桩不发生倾斜或移位，桩就位后，在桩顶放上弹性垫层如草袋、废麻袋等，放下桩帽套入桩顶，桩帽上再放上垫（硬）木，即可降下桩锤压住桩帽。在桩的自重和锤重的压力下，桩便会沉入土中一定深度。待下沉达到稳定状态，并经全面检查和校正合格后，即可开始打桩。

②打桩

打桩开始时，应先采用小的落距（0.5~0.8m）作轻的锤击，使桩正常沉入土中约1~2m 后，经检查桩尖不发生偏移，再逐渐增大落距至规定高度，继续锤击，直至把桩打到设计要求的深度。

打桩有"轻锤高击"和"重锤低击"两种方式。这两种方式，如果所做的功相同，而所得到的效果却不同。"轻锤高击"所得的动量小，而桩锤对桩头的冲击大，因而回弹也大，桩头容易损坏，大部分能量均消耗在桩锤的回弹上，故桩难以入土。与之相反，"重锤低击"所得的动量大，而桩锤对桩头的冲击小，因而回弹也小，桩头不易被打碎，大部分能量都可以用来克服桩身与土壤的摩阻力和桩尖的阻力，故桩能很快地入土。此外，又由于"重锤低击"的落距小，因而可提高锤击频率，打桩效率也高。正因为桩锤频率较高，对于较密实的土层，如砂土或黏土也能较容易地穿过（但不适用于含有砾石的杂填上）。因此，打桩宜采用"重锤低击"。实践经验表明：在一般情况下，若单动汽锤的落距 W≤0.6m，落锤的落距 W≤1.0m 和柴油锤的落距 W≤1.50m 时，能防止桩顶混凝土被击碎或开裂。

③打桩注意事项

打桩属隐蔽工程，为确保工程质量，分析处理打桩过程中出现的质量事故和为工程质量验收提供必要的依据，因此打桩时，必须对每根桩的施打进行必要的数值测定和做好详细记录。

打桩时，严禁偏打，因偏打会使桩头某一侧产生应力集中，造成压弯联合作用，易将桩打坏。对此，必须使桩锤、桩帽和桩身轴线重合，衬垫要平整均匀，构造合适。

桩顶衬垫弹性应适宜，如果衬垫弹性合适，会使桩顶受锤击的作用时间及锤击引起的应力波波长延长，而使锤击应力值降低，从而提高打桩效率并降低批的损坏率。故在施打过程中，对每一根桩均应适时更换新衬垫。

打桩入土的速度应均匀，连续施打，锤击间歇时间不要过长。否则，由于土的固结作用，使继续打桩受阻力增大，不容易打入土中。

打桩时，如发现锤的回弹较大且经常发生，则表示桩锤太轻，锤的冲击动能不能使桩下沉，此时，应更换重的桩锤。

打桩过程中，如桩锤突然有较大的回弹，则表示桩尖可能遇到阻碍。此时须减小锤的落距，使桩缓慢下沉，待穿过阻碍层后，再加大落距并正常施打，如降低落距后，仍存在这种回弹现象，应停止锤击，分析原因后再行处理；如桩的下沉突然加大，则表示可能遇到软土层、洞穴或桩尖、桩身已遭受破坏等。此时也应停止锤击，分析原因后再行处理。

若桩顶需打至桩架导杆底端以下或打入土中，都需要送桩。送桩时，桩身与送桩的纵轴线应在同一垂直轴线上。

若发现桩已打斜，应将桩拔出，探明原因，排除障碍，用砂石填孔后，重新插入施打。若拔桩有困难，应在原桩附近再补打一桩。

打桩时，尽量避免使用送桩，因送桩与预制桩的截面有差异时，会使预制桩受到较大的冲击力。此外，还会导致预制桩入土时发生倾斜。

（3）打桩质量要求与验收

打桩质量评定包括两个方面：一是能否满足设计规定的贯入度或标高的要求，二是桩打入后的偏差是否在施工规范允许的范围以内。

①贯入度或标高必须符合设计要求

桩端达到坚硬、硬塑的黏性土、碎石土、中密以上的粉土和砂土或风化岩等土层时，应以贯入度控制为主，桩端进入持力层深度或桩尖标高可作为参考；若是贯入度已达到而桩端标高未达到时，应继续锤击3阵，其每阵10击的平均贯入度不应大于规定的数值（一般在30~50mm）；桩端位于其他软土层时，以桩端设计标高控制为主，贯入度可作为参考。

上述所说的贯入度是指最后贯入度，即施工中最后10击内桩的平均入土深度。贯入度大小应通过合格的试桩或试打数根桩后确定，它是打桩质量标准的重要控制指标。

最后贯入度的测量应在下列正常条件下进行：桩顶没有破坏，锤击没有偏心；锤的落距符合规定；桩帽与弹性垫层正常。

打桩时，如桩端到达设计标高而贯入度指标与要求相差较大，或者贯入度指标已满足而标高与设计要求相差较大这两种情况时，说明地基的实际情况与设计原来的估计或判断有较大的出入，属于是异常情况，都应会同设计单位研究处理。打桩时如发现地质条件与勘察报告的数据不符，亦应与设计单位研究处理，以调整其标高或贯入度控制的要求。

②平面位置或垂直度必须符合施工规范要求

桩打入之后，在平面上与设计位置的偏差小于等于 100~150mm 之间的数，垂直度偏差不得超过 0.5%。因此，必须使桩在提升就位时要对准桩位，桩身要保持垂直；桩在施打时，必须使桩身、桩帽和桩锤三者的中心线在同一垂直轴线上，来保证桩的垂直人土；短桩接长时，上、下节桩的端面要平整，中心要对齐，如发现端面有间隙，应用铁片垫平焊牢；打桩完毕、基坑挖土时，应制订合理的挖土施工方案，来防止挖土而引起桩的位移和倾斜。

③打入桩桩基工程的验收必须符合施工规范要求

打入桩桩基工程的验收通常应按两种情况进行：当桩顶设计标高与施工场地标高相同时，应待打桩完毕后进行；当桩顶设计标高低广施工场地标高需送桩时，则在每一根桩的桩顶打至场地标高，应进行中间验收，待全部桩打完，并开挖到设计标高后，再作全面验收。

桩基工程验收时，应提交下列资料：

①桩位测量放线图；

②工程地质勘察报告；

③材料试验记录；

④桩的制作与打入记录；

⑤桩位的竣工平面图；

⑥桩的静载和动载试验资料及确定桩贯入度的记录。

2. 振动沉桩

振动沉桩与锤击沉桩的施工方法基本相同，其不同之处在于是用振动桩机代替锤打桩机施工。振动桩机主要由桩架、振动锤、卷扬机和加压装置等组成。

振动锤是一个箱体，内装有左、右两根水平轴，轴上各有一个偏心块，电动机通过齿轮带动两轴旋转，两轴的旋转方向相反，但转速相同。利用振动锤沉桩的工作原理是：沉桩时，当启动电动机后，由于偏心块的转动产生离心力，其水平分力相互抵消，垂直分力则相互叠加，形成垂直振动力，由于振动锤与桩顶为刚性固定连接，当锤振动时，迫使桩和桩四周的土也处于振动状态。因此，土被扰动，从而使桩表面摩阻力降低，在锤和桩的自重共同作用下，使桩能顺利地沉入土中。

振动沉桩施工方法是在振动桩机就位后，先将桩吊升并送入桩架导管内，再落下桩身直立插于桩位中。然后在桩顶扣好桩帽；校正好垂直度和桩位，除去吊钩，把振动锤放置于桩顶上并连牢。此时，桩在自重和振动锤重力作用下，便自行沉入土中一定深度，待稳定并经再校正桩位和垂直度后，即可启动振动锤开始沉桩。振动锤启动后，产生振动力，通过桩身将此振动力传递给土壤，迫使土体产生强迫振动，导致土壤颗粒彼此间发生明显位移，因而减少了桩与土壤之间的摩擦阻力，使桩在自重和振动力共同作用下稳步沉入土中，直沉至设计要求位置。振动沉桩一般控制最后三次振动（每次振动 10min），测出每分钟的平均贯入度，或控制沉桩深度，当不大于设计规定的数值时，即认为符合要求。

振动沉桩具有噪音小、不产生废气污染环境、沉桩速度快、施工简便、操作安全等优点。振动沉桩法适用于砂质黏土、砂土和软土地区施工．但不宜用于砾石和密实的黏土层中施工，如用于砂砾石和黏土层中时，则需要配合以水冲法辅助施工。

3. 静力压桩

静力压桩与锤击沉桩施工方法基本相同，所不同之处是施工时使用静压力将预制桩压入土层中。

（1）静力压桩的特点

①施工无噪音、无振动。使用静压力沉桩不产生噪音和振动，对周围环境的干扰和影响小，特别适合在扩建工程和城市内桩基工程施工。

②节约材料，降低成本。沉桩时只受静压力，免去锤击应力，且桩又可分段预制、分段接长压入，桩的截面尺寸、混凝土强度等级及配筋量，只需满足吊装、压桩和建筑物使用阶段受力要求即可。因此，约可节省钢材 47%，节省混凝土 26%，降低造价 26%。

③提高施工质量。由于不受锤击，因而可避免桩顶破碎和桩身开裂现象。与此同时，压入桩所引起的桩周围土体隆起和水平位移比打入桩小得多，因而对土体结构的破坏程度和破坏范围要比打入桩小。因此，压入桩能确保施工质量。

④沉桩速度快。如某工程单桩由 4 段长度为 23.5m 的预制桩相接，每个台班可压 25 根桩。

⑤在压桩过程中，可以预估单桩承载力。由于压入桩的阻力与桩的承载力呈线性

关系。因此，不用做试桩便可得出单桩承载力，这给桩基设计和施工带来了极大的方便。

但静力压桩只适用于软弱土地基和压垂直桩，压斜桩尚有困难，故使用范围有其局限性。

（2）压桩机械设备及压桩方法

①压桩机械设备

压桩机有两种类型，一种是机械静力压桩机。它由压桩架（桩架与底盘）、传动设备（卷扬机、滑轮组、钢丝绳）、平衡设备（铁块）、量测装置（测力计、油压表）及辅助设备（起重设备、送桩）等组成。压桩机的工作原理是通过卷扬机的牵引，由钢丝绳、滑轮组及压梁，将压桩机自重及配重反压到桩顶上，使桩身分段压入土中。这种压桩机的高度为16~40m，静压力为400~1500kN，但设备较笨重（总重80~172t）。另一种是液压静力压桩机，它是由液压吊装机构、液压夹持、压桩机构（千斤顶人行走及回转机构、液压及配电系统、配重铁等部分组成。其机械自重400kN，配重1600kN，纵、横接地压力38~61kN，移动速度4.2m/min，压桩速度2~3m/min。该机具有体积轻巧、使用方便等特点。

②适用范围

水冲沉桩法适用于砂土和砂石土或其他坚硬土层中沉桩施工。预制桩施工时，常遇到很难穿越的砂类土层，强制沉入易导致桩体损坏，此时若结合水冲法，可使桩易于沉入土中，水冲沉桩也可与锤击沉桩或振动沉桩结合使用，则更能显示其工效。其结合施工方法是，当桩尖水冲沉至高设计标高1~2m处时，停止射水，改用锤击或振动将桩沉到设计标高。这样可以有效避免桩尖处的土层因受水冲松动，提高桥的承载力。

水冲沉桩法施工，对周围原有建筑物的基础和地下设施等易产生沉陷。因此，不适于在密集的城市建筑物区域内施工。

4.沉桩对周围环境的影响及防治

（1）对环境的影响

采用锤击法、振动法沉入的预制桩和用套管成孔法沉入的灌注桩，施工时除会产生刺耳噪音、振动冲击和排放废气外，还会引起对土体的挤压，出现土体的隆起和位移，因而对周围原有的建筑物、地下管线等有影响。轻者使建筑物抹灰饰面脱落，墙体开裂；重者则使圈过梁变形，门窗启闭困难，地下管线断裂，甚至基础被推移，导致严重影响居民生活和建筑物的正常使用。故该种施工法是一种公害，一般不适合在建筑物密集的市区内施工。

（2）防治措施

为了减轻或避免桩基施工时对周围建筑物和居民生活造成危害和影响，使其能适

宜于在城市建筑区域内施工,就要设法减少或消除所产生的噪音、废气和对土体的冲击、挤压、振动。对此,应采用以下的防治措施:

①采用预钻孔沉桩。它是先在地面桩位处预钻孔,再在孔中插入预制桩,用沉桩机将桩身沉到设计标高位置。

②采用机械或人工成孔灌注桩。一般距原有建筑物 2m 即可施工。

③设置防震沟,以隔断振动传递. 同时在开挖基坑时还要做支护,以防止土体向基坑发生侧移。

第二章 砌体工程施工技术管理

为了更好地发挥出砌体的作用和功能,这就要求砌体的质量必须达到《砌体工程施工及验收规范》的规定。要想达到这一规范要求,一方面施工单位应严格按照设计要求和施工规范规定进行精心施工;另一方面,质量监督人员必须按照验评标准的规定进行严格监督,消除质量隐患,保证砌体结构稳定、安全可靠。对砌体工程准许施工的条件,必须是地基与基础工程质量检验合格后。

第一节 砌筑砂浆

一、施工要点

1.砂浆用砂宜采用过筛中砂,并应满足下列要求:

(1)不应混杂有草根、树叶、树枝、塑料、煤块、炉渣等杂物。

(2)砂中含泥量、泥块含量、石粉含量和云母、轻物、质、有机物、硫化物、硫酸盐及氯盐含量(配筋砌体砌筑用砂)等应符合行业标准《普通混凝土用砂、石质量及检验方法标准》(JGJ52)的相关规定。

(3)人工砂、山砂及特细砂,应经试配能满足砌筑砂浆技术条件要求。

2.砌筑砂浆材料,主要有水泥、砂、石灰、掺合料。

水泥:水泥应按品种、强度等级、出厂日期分别堆放,并应保持干燥。当遇到水泥强度等级不明或出厂日期超过三个月(快硬硅酸盐水泥超过一个月)时,应复查试验,并应按试验结果的数值合理使用。不同品种的水泥,不准进行混合使用。

砂:砂浆用砂宜采用中砂,并应过筛,且不得含有草根等杂物。砂中的含泥量,是质量监督检验的重点。如果砂浆的强度等级不小于 M5 的水泥混合砂浆,含泥量不应超过 5%;对于强度等级小于 M5 的水泥混合砂浆,含泥量不应大于 10%。

人工砂、山砂及特细砂，经试配能满足砌筑砂浆技术条件时，含泥量可适当放宽。

石灰：块状生石灰熟化成石灰膏时，应用孔径不大于 3mm×3mm 网过滤，熟化时间不得少于 7d；对于磨细生石灰粉，其熟化时间不得少于 2d。沉淀池中贮存的石灰膏，应防止干燥、冻结和污染。严禁使用脱水硬化的石灰膏。

掺合剂：凡在砂浆中掺入有机塑化剂、早强剂、缓凝剂、防冻剂时，应经试验确定掺量后方可使用。

3. 砌筑砂浆应采用机械搅拌，搅拌时间自投料完起算应符合下列规定：

（1）水泥砂浆和水泥混合砂浆不得少于 120s。

（2）水泥粉煤灰砂浆和掺用外加剂的砂浆不得少于 180s。

（3）掺增塑剂的砂浆，其搅拌方式、搅拌时间应符合相关行业标准《砌筑砂浆增塑剂》（JG/T 164）的有关规定。

（4）干混砂浆及加气混凝土砌块专用砂浆宜按掺用外加 15 剂的砂浆确定搅拌时间或按产品说明书采用。

4. 现场拌制的砂浆应随拌随用，拌制的砂浆应在 3h 内使用完毕；当施工期间最高气温超过 30℃时，应在 2h 内使用完毕。

5. 预拌砂浆及蒸压加气混凝土砌块专用砂浆的使用时间应按照厂方提供的说明书确定。

6. 湿拌砂浆在储存、使用过程中不应加水。当存放过程中出现少量泌水时，应拌和均匀后使用。干混砂浆及其他专用砂浆在运输和储存过程中，不得淋水、受潮、靠近火源或高温。袋装砂浆应防止硬物划破包装袋。

二、质量要点

1. 不同种类的砌筑砂浆不得进行混合使用。在配制砌筑砂浆时，各组分材料应采用质量计量，水泥及各种外加剂配料的允许偏差为 ±2%；砂、粉煤灰、石灰膏等配料的允许偏差为 5%。

2. 水泥使用应符合下列相关规定：

（1）水泥进场时应对其品种、等级、包装或散装仓号、出厂日期等进行检查，并应对其强度、安定性进行复验，其质量必须符合现行国家标准《通用硅酸盐水泥》（GB 175）的有关规定。

（2）当在使用中对水泥质量有怀疑或水泥出厂超过三个月（快硬硅酸盐水泥超过一个月）时，应复查试验，并按复验结果使用。

（3）不同品种的水泥，不得混合使用。

3. 拌制水泥混合砂浆的粉煤灰、建筑生石灰、建筑生石灰粉及石灰膏应符合下列规定：

（1）粉煤灰、建筑生石灰、建筑生石灰粉的品质指标应符合现行行业标准《粉煤灰在混凝土和砂浆中应用技术规程》（JGJ 28）、《建筑生石灰》（JC/T 479）的有关规定。

（2）建筑生石灰、建筑生石灰粉熟化为石灰膏，其熟化时间分别不得少于 7d 和 2d；沉淀池中储存的石灰膏，应防止干燥、冻结和污染，严禁采用脱水硬化的石灰膏；建筑生石灰粉、消石灰粉不得替代石灰膏配制水泥石灰砂浆。

（3）石灰膏的用量，应按其稠度（120 5）mm 计量。

4. 施工中不应采用强度等级小于 M5 的水泥砂浆替代同强度等级水泥混合砂浆，如需替代，应将水泥砂浆再次提高一个强度等级。

5. 凡在砂浆中掺入有机塑化剂、早强剂、缓凝剂、防冻剂等，其品种和用量应经有资质的检测单位检验和试配符合要求后方可使用。所用外加剂的技术性能应符合现行国家或行业标准《砌筑砂浆增塑剂》（JG/T 164）、《混凝土外加剂》（GB 8076）、《砂浆、混凝土防水剂》（JC 474）的质量要求。

三、质量验收

1. 砌筑砂浆试块强度验收时，其强度合格标准应符合下列相关规定：

（1）同一验收批砂浆试块强度平均值应大于或等于设计强度等级值的 1.10 倍。

（2）同一验收批砂浆试块抗压强度的最小一组平均值应大于或等于设计强度等级值的 85%。

注：砌筑砂浆的验收批，同一类型、强度等级的砂浆试块不应少于 3 组；同一验收批砂浆只有 1 组或 2 组试块时，每组试块抗压强度平均值应大于或等于设计强度等级值的 1.10 倍；对于建筑结构的安全等级为一级或设计使用年限为 50 年及其以上的房屋，同一验收批砂浆试块的数量不得少于 3 组。

（3）砂浆强度应以标准养护、28d 龄期的试块抗压强度为准。

（4）制作砂浆试块的砂浆稠度应与配合比设计的一致。

2. 当施工中或验收时出现下列情况时，可采用现场检验方法对砂浆或砌体强度进行实体检测，从而判定其强度：

（1）砂浆试块缺乏代表性或试块数量不足。

（2）对砂浆试块的试验结果有怀疑或争议。

（3）砂浆试块的试验结果不能满足设计要求。

（4）发生工程事故，需要进一步分析事故原因。

四、安全与环保措施

1.砂浆搅拌机械应符合现行行业标准《建筑机械使用安全技术规程》（JGJ 33）及《施工现场临时用电安全技术规范》（JGJ 46）的有关规定，施工中应定期对其进行检查、维修，确保机械使用安全。施工现场适宜充分利用太阳能。

2.施工现场生产、生活用水应使用节水型生活用水器具，在水源处应设置明显的节约用水标志。施工现场应该充分利用雨水资源，设置沉淀池、废水回收设施。

3.对施工现场场界噪声进行检测和记录，噪声排放不得超过国家标准。施工场地的强噪声设备宜设置在远离居民区的一侧，可以采取对强噪声设备进行封闭等降低噪声措施。

4.施工现场大门口应设置冲洗车辆设备，出场时必须将车辆清理干净，不得将泥沙带出现场。对施工现场及运输的易飞扬、细颗粒散体材料进行密闭、存放。

5.成品砂浆存储、使用中应设置防尘、防潮措施。砌筑中产生的废弃砂浆应及时清理。

第二节　砖砌体工程

一、材料质量要求

（1）石材。石砌体所用的石材应质地坚实，无风化剥落和裂纹。用于清水墙、柱表面的石材，尚应色泽均匀。毛石砌体中所用的毛石应呈块状，其中部厚度不宜小于150mm，各种砌筑用料石的宽度、厚度均不宜小于200mm，长度不宜大于厚度的4倍。

（2）水泥、砂、砂浆的质量要求同砌砖工程。

二、施工要点

1. 砌筑砖砌体时，砖应提前 1~2d 浇水湿润，严禁采用干砖或处于吸水饱和状态的砖砌筑；混凝土多孔砖及混凝土实心砖不需要浇水湿润，但是在气候干燥炎热的情况下，宜在砌筑前对其喷水湿润。

2. 砌砖工程当采用铺浆法砌筑时，铺浆长度不得超过 750mm；施工期间气温超过 30℃时，铺浆长度不得超过 500mm。

3. 240mm 厚承重墙的每层墙的最上一皮砖，砖砌体的台阶水平面上及挑出层的外皮砖应整砖丁砌。

4. 砖过梁底部的模板及其支架拆除时，灰缝砂浆强度不应低于设计强度的 75%。

5. 砖砌体的转角处和交接处应同时砌筑，严禁没有可靠措施的内外墙分砌施工。在抗震设防烈度为 8 度及 8 度以上地区，对不能同时砌筑而又必须留置的临时间断处应砌成斜槎。普通砖砌体斜槎水平投影长度不应小于高度的三分之二，多孔砖砌体的斜槎长高比不应小于二分之一。斜槎高度不得超过一步脚手架的高度。

三、质量监督内容

1. 毛石砌体。毛石砌体的质量监督包括如下内容：毛石砌体的灰缝厚度为 20~30mm，石块间不得有相互接触现象，石块间较大的空隙应先填塞砂浆后用碎石块嵌实。砌筑毛石基础的第一层石块应座浆，并将大面向下。毛石基础的扩大部分，如做成阶梯形，上级阶梯的石块应至少压砌下级阶梯的二分之一，相邻阶梯的毛石应相瓦错缝搭砌。

毛石砌体的第一层及转角处，交接处和洞口处，应用较大的平毛石砌筑。每个楼层，包括基础在内，砌体的最上一层，也应用较大的毛石砌筑。

毛石砌体必须设置拉结石。拉结石应均匀分布，相互错开。毛石基础同皮内每隔 2m 左右设置一块；毛石墙每 0.7m² 墙面至少设置一块，且同皮内的中距不应大于 2m。拉结石的长度，如基础宽度或墙厚等于或小于 400mm，应与宽度与厚度相等；如基础宽度或墙厚大于 400mm 时，可用两块拉结石内外搭接，搭接长度不应小于 150mm，且其中一块长度不应小于基础宽度或墙厚的 2/3。毛石墙和砖墙相接的转角处和交接处应同时砌筑。转角处应自纵墙或横墙每隔 4~6 皮砖高度引出不小于 120mm 与横墙或纵墙相接；交接处应自纵墙每隔 4~6 皮砖高度引出不小于 120mm 与横墙相连。毛石和实心砖的组合墙中，毛石和实心砖同时砌筑，并每隔 4~6 皮砖用 2~3 皮丁砖与毛石砌体拉结砌合，空隙处应用砂浆填满。毛石砌体每日筑墙不宜超过 1.2m 高。

2. 料石砌体。

料石砌体的灰缝厚度，应该按照料石的种类确定；细料石砌体不宜大于 5mm；半细料石砌体不宜大于 10mm；粗料石和毛料石砌体不宜大于 20mm。

料石基础砌体的第一层应用丁砌座浆砌筑。阶梯形料石基础，上级阶梯的料石应至少需要压砌下级阶梯的 1/3，料石砌体应上下错缝搭砌。砌体厚度等于或大于两块料石宽度时，如同皮内全部采用顺组砌，每砌好两皮后，应砌一层丁砌层；如同皮内采用丁顺组砌，丁砌石应交错设置，其中心间距不应大于 2m。

用料石作过梁，厚度为 200~450mm，净跨度不宜大于 1.2m，两端各伸入墙内长度不应小于 250mm。过梁上续砌墙时，其正中间石块不应小于过梁净跨度的三分之一，其两旁应砌不小于三分之二过梁净跨度的料石。

3. 挡土墙。砌筑毛石挡土墙，应符合毛石砌体的质量规定外，还应符合下列相关规定：

毛石的中部厚度不宜小于 200mm；每砌 3~4 皮为一个分层高度，每个分层高度应找平一次，外露面的灰缝厚度不得大于 40mm，两个分层高度间的错缝不得小于 80mm。

料石挡土墙宜采用同皮内丁顺相间的砌筑形式。当中间部分用毛石填砌时，丁砌料石伸入毛石部分的长度不应小于 200mm。砌筑挡土墙应设置伸缩缝和泄水孔。泄水孔的设置应符合下列规定：

泄水孔应均匀设置，在每米高度上间隔 2m 左右设置一个；泄水孔宜采用抽管方法留置；并应在泄水孔与土体间铺设长宽各为 300mm、厚 200mm 的卵石或碎石作疏水层。

4. 石砌体的尺寸和位置的允许偏差

对石砌体的尺寸和位置允许偏差的检查，外墙按楼层（或 4m 高以内）每 20m 抽查一处，每处 3 延长米，但是不少于 3 处；内墙按有代表性的自然间抽查 10%，但不少于 3 间，每间不少于 2 处，柱子不少于 5 根。

四、质量验收

1. 主控项目

（1）砖和砂浆的强度等级必须要符合设计要求。

（2）砌体灰缝砂浆应密实饱满，砖墙水平灰缝的砂浆饱满度不得低于 80%；砖柱水平灰缝和竖向灰缝饱满度不得低于90%。

（3）非抗震设防及抗震设防烈度为6度、7度地区的临时间断处，当不能留斜槎时，除转角处外，可留直槎，但直槎必须做成凸槎，且应加设拉结钢筋，拉结钢筋应符合下列规定：

1）每120mm墙厚放置1φ6拉结钢筋（120mm厚墙应放置2φ6拉结钢筋）。

2）间距沿墙高不应超过500mm，且竖向间距偏差不应超过100mm。

3）埋入长度从留槎处算起每边均不应小于500mm，对抗震设防烈度6度、7度的地区，不应小于1000mm。

4）末端应有90°弯钩。

五、安全与环保措施

1.施工机械应符合现行行业标准《建筑机械使用安全技术规程》（JGJ 33）及《施工现场临时用电安全技术规范》（JGJ 46）的有关规定，施工中应定期对其进行检查、维修，保证机械使用安全。采用升降机、龙门架及井架物料提升机运输材料设备时，应符合现行行业标准《建筑施工升降机安装、使用、拆卸安全技术规程》（JGJ 215）和《龙门架及井架物料提升机安全技术规范》（JGJ 88）的有关规定，且一次提升总重量不得超过机械额定起重或提升能力，并应有防散落、抛撒措施。施工机械设备应建立按时保养、保修、检验制度。应选用高效节能电动机，选用噪声标准较低的施工机械、设备，对机械、设备采取必要的消声、隔振和减振措施。施工现场宜充分利用太阳能。

2.落地扣件式钢管脚手架搭设应符合现行行业标准《建筑施工扣件式钢管脚手架安全技术规范》（JGJ 130）的规定，脚手架作业层上的施工荷载应符合设计要求，不得超载，脚手架的安全检查与维护应该按照规定进行，安全网应按有关规定搭设或拆除。

3.施工人员应该经过安全技术交底和安全文明施工教育后才可进入工地施工操作，施工现场应加强安全管理，安排专职安全巡逻员，设置黄沙桶、灭火器等消防设备。施工现场应安排专人洒水、清扫。

4.作业人员在脚手架上施工时，不得向架外砍砖；在脚手架上堆普通砖、多孔砖不得超过3层，空心砖或砌块不得超过2层。

5.施工现场拌制砂浆及混凝土时，搅拌机应有防风、隔声的封闭围护设施，并宜安装除尘装置，其噪声限值应符合国家相关规定。施工现场进行剔凿，砖、石材切割作业时，作业面局部应遮挡、掩盖或采取水淋等降尘措施。切割作业区域的机械应进行封闭围护，减少扬尘和噪声排放。高处作业时不得扬物料、垃圾、粉尘以及洒废水。

6. 施工现场生产、生活用水应使用节水型生活用水器具，在水源处应设置明显的节约用水标志。施工现场应充分利用雨水资源，设置沉淀池、废水回收设施。

7. 施工现场应建立封闭式垃圾站，并对建筑垃圾依照不可再利用垃圾与可再利用垃圾进行分别存放，对可循环利用的建筑垃圾进行再分类，建立相应的项目部台账。

六、审查的技术资料

1. 各种材料的出厂合格证或试验报告。

2. 砂浆及混凝土试块强度试验报告。

3. 砌体工程施工记录。

4. 隐蔽验收记录。包括了基础砌体、沉降缝、伸缩缝和防震缝、砌体中的预埋拉结筋、网片以及预埋件、构造柱、圈梁等隐蔽验收项目的隐蔽验收记录。

5. 分项工程质量检验评定表。

第三节　小型砌块

一、施工要点

1. 底层室内地面以下或防潮层以下的砌体，应采用强度等级不低于 C20（或 Cb20）的混凝土灌实小砌块的孔洞。

2. 小砌块应将生产时的底面朝上反砌于墙上。

3. 砌筑普通混凝土小型空心砌块砌体，不用对小砌块浇水湿润，如遭遇天气干燥炎热，宜在砌筑前对其喷水湿润；对轻骨料混凝土小砌块，应提前浇水湿润，块体的相对含水率宜为 40%~50%。雨天及小砌块表面有浮水时，不得施工。

4. 墙体转角处和纵横交接处应同时进行砌筑。临时间断处应砌成斜槎，斜槎水平投影长度不应小于斜槎高度。施工洞口可预留直槎，但在洞口砌筑和补砌时，应在直槎上下搭砌的小砌块孔洞内用强度等级不低于 C20（或 Cb20）的混凝土灌实。

二、质量要点

1.施工采用的小砌块的产品龄期不应小于28d。

2.承重墙体使用的小砌块应完整、无破损、无裂缝。

3.小砌块墙体应孔对孔、肋对肋错缝搭砌。单排孔小砌块的搭接长度应为块体长度的1/2；多排孔小砌体的搭接长度可适当调整，但不宜小于小砌块长度的1/3，且不应小于90mm。墙体的个别部位不能满足上述要求时，应该在灰缝中设置拉结钢筋或钢筋网片，但竖向缝依旧不得超过2皮小砌块。

三、质量验收

1.主控项目

（1）小砌块和芯柱混凝土、砌筑砂浆的强度等级必须符合相关设计要求。

（2）砌体水平灰缝和竖向灰缝的砂浆饱满度，按照净面积计算不得低于90%。

（3）墙体转角处和纵横交接处应同时砌筑，临时间断处应砌成斜槎，斜槎水平投影长度不应小于斜槎高度。施工洞口可预留直槎，但在洞口砌筑和补砌时，应在直槎上下搭砌的小砌块孔洞内用强度等级不低于C20（或Cb20）的混凝土灌实。

（4）小砌块砌体的芯柱在楼盖处应贯通，不得削弱芯柱截面尺寸；芯柱混凝土不得漏灌。

2.一般项目

（1）砌体的水平灰缝厚度和竖向灰缝宽度宜为10mm，但不应小于8mm，也不应大于12mm。

（2）小砌块砌体的尺寸、位置的允许偏差应该按照规定执行。

第四节　填充墙砌体工程

一、施工要点

1.砌筑填充墙时，轻骨料混凝土小型空心砌块和蒸压加气混凝土砌块的龄期不应小于 28d。

2. 吸水率较小的轻骨料混凝土小型空心砌块及采用薄灰砌筑法施工的蒸压加气混凝土砌块，砌筑前不应对其浇（喷）水湿润；在天气干燥炎热的情况下，吸水率较小的轻骨料混凝土小型空心砌块宜在施工前喷水湿润。采用烧结空心砖、吸水率较大的轻骨料混凝土小型空心砌块前块材应提前 1~2d 浇水湿润。

3. 在厨房、卫生间、浴室等处采用轻骨料混凝土小型空心砌块、蒸压加气混凝土砌块砌筑墙体时，墙底部宜现浇混凝土坎台，其高度宜为 150mm。

二、质量要点

1. 蒸压加气混凝土砌块、轻骨料混凝土小型空心砌块不应与其他块体混砌、不同强度等级的同类块体也不得混砌。

注：窗台处和因安装门窗需要，在门窗洞口处两侧填充墙上、中、下部可采用其他块体局部嵌砌；对与框架柱、梁不脱开方法的填充墙，填塞填充墙顶部与梁之间缝隙可采用其他块体。

2. 填充墙砌体砌筑，应待承重主体结构检验批验收合格后进行，填充墙与承重主体结构间的空（缝）隙部位施工应在填充墙砌筑 14d 后进行。

三、质量验收

1. 主控项目

（1）烧结空心砖、小砌块和砌筑砂浆的强度等级应符合相关设计要求。

（2）填充墙砌体应与主体结构可靠连接，其连接构造应符合设计要求，没有经过设计同意，不得随意改变其连接构造方法。每一填充墙与柱的拉结筋的位置超过一皮块体高度的数量不得多于一处。

（3）填充墙与承重墙、柱、梁的连接钢筋，当采用化学植筋的连接方式时，应进行实体检测。锚固钢筋拉拔试验的轴向受拉非破坏承载力检验值应为 6.0kN。抽检钢筋在检验值作用下应基材无裂缝、钢筋无滑移宏观裂损现象；持荷 2min 期间荷载值降低不大于 5%。

2. 一般项目

（1）填充墙砌体尺寸、位置的允许偏差及检验方法应符合相关规定（如下表 2-1 所示）。

表2-1　填充墙砌体尺寸、位置的允许偏差及检验方法

项次	项目		允许偏差/mm	检验方法
1	轴线位移		10	用尺检查
2	垂直度（每层）	≤3m	5	用2m托线板或吊线、尺检查
		>3m	10	
3	表面平整度		8	用2m靠尺和楔形尺检
4	门窗洞口高、宽（后塞口）		±10	用尺检查
5	外墙上、下窗口偏移		20	用经纬仪或吊线检查

（2）填充墙砌体留置的拉结钢筋或钢筋网片的位置应与块体皮数相符合。拉结钢筋或钢筋网片应置于灰缝中，埋置长度应该符合相关设计要求，竖向位置偏差不应超过一皮块体高度。

（3）填充墙砌筑时应错缝搭砌，蒸压加气混凝土砌块搭砌长度不应小于砌块长度的1/3；轻骨料混凝土小型空心砌块搭砌长度不应小于90mm；竖向通缝不应大于2皮。

（4）填充墙砌至接近梁、板底时，应留有一定空隙，待填充墙砌筑完并应至少间隔7d后，再将其补砌挤紧。

第三章 钢筋混凝土工程施工技术管理

第一节 混凝土结构工程概述

一、混凝土结构简介

混凝土结构是以混凝土为主制成的结构，包括了素混凝土结构、钢筋混凝土结构和预应力混凝土结构等。混凝土结构是我国建筑施工领域应用最广泛的一种结构形式。无论是在资金投入还是在资源消耗方面，混凝土结构工程对工程造价、建设速度的影响都十分显著。

二、混凝土结构工程的种类

混凝土结构工程按施工方法，可分为现浇混凝土结构工程和装配式混凝土结构工程两类。现浇混凝土结构工程是在建筑结构的设计部位架设模板、绑扎钢筋、浇筑混凝土、振捣成型，经养护使混凝土达到设计规定强度后拆模。整个施工过程均在施工现场进行。现浇混凝土结构工程整体性好、抗震能力强、节约钢材，而且不用大型的起重机械，但工期较长、成本较高，容易受气候条件影响。

装配式混凝土结构工程是在预制构件厂或施工现场预先制作好结构构件，在施工现场用起重机械把预制构件安装到设计位置，在构件之间用电焊、预应力或现浇的手段使得其连接成整体。装配式混凝土结构工程具有降低成本、现场拼装，减轻劳动强度和缩短工期的优点，但其耗钢量较大，而且施工时需要大型的起重设备。

三、混凝土结构工程的组成

混凝土结构工程由钢筋工程、模板工程和混凝土工程三部分组成。混凝土结构工程施工时，要由模板、钢筋、混凝土等多个工种相互配合进行。因此，施工前要做好充分的准备来防止失误和提高效率，施工中合理组织，加强管理，使各工种紧密配合，以加快施工进度。

四、建筑混凝土工程中常见施工质量问题

1. 建筑混凝土工程中常见质量问题

混凝土属于一种建筑材料，其也是建筑物的一个重要组成部分，在建筑中其主要作用就在于承载荷重，建筑施工中混凝土常见质量问题主要包含有以下几个方面：

（1）混凝土原材料问题。混凝土的主要原料包含有粗骨料、砂石、水泥、细骨料等，施工期间要结合建筑用途及实际施工需要，合理选材，以保证施工的顺利开展。然而，在实际施工中，经常会出现原料质量不达标，材料中所含杂质过多，含沙量超标，配比不够科学等情况，这些都是影响混凝土质量的重要因素。比如说，混凝土设计标号值通常在1.8~2.2之间，如果标号值低于1.8水泥比较多，混凝土粘聚力大，这样容易成团，影响浇筑工作的顺利进行，而标号值超过2.2时，水泥过少，则混合材料松散，粘聚力过低，砂石质量差，混凝土的空隙率大，在搅拌混凝土时，不容易将其振捣严实，这样混凝土质量必将受到影响。

（2）混凝土配合比例不合理。混凝土是将多种原材料混合搅拌后才能投入使用，在搅拌期间没有按照配比要求合理制作，导致混凝土强度、凝聚力低，影响混凝土质量。

（3）混凝土技术差。在实际施工过程中，施工人员对混凝土的制作方法不熟练，制作混凝土时，计量工具测量不够严格、不准确，导致制作数据失误，从而影响混凝土质量。此外，搅拌时间控制不合理，混凝土混合料质地不均匀等也可能会影响混凝土质量。如在浇筑完成之后，振捣不够严实，混凝土出现孔洞、离析等现象，养护不当也将会对施工质量造成影响。

（4）混凝土运输途中存在问题。混凝土材料制作成功后，运输时没有按照规定标准要求进行运输，导致混凝土分层离析，降低其质量。

2. 建筑模板施工质量问题

在对建筑工程质量进行检测时，通常不会对建筑模板工程进行检测，然而实际施工时模板工程也是混凝土工程的重要组成部分，建筑模板施工问题也可谓是不胜枚举，其主要包含有以下方面的内容：一是原材料问题。模板材料直接影响着模板工程质量，采购模板时，部分建筑企业只注重眼前的经济效益，在选购模板时，所选择的模板材料质量不佳，或者是在采购时没有仔细地检查材料强度、截面面积、支架材料强度等，导致在具体施工中问题频出。二是模板使用方法不当。施工时模板并不能直接组装使

用，否则会影响工程质量，然而施工期间，部分工人为节省时间，直接将没有进行检测和清洗的模板材料进行组装，并投入使用，导致其在混凝土构建过程中变形，构件承重能力下降，且模板在拆除时，拆除难度比较大，影响施工质量。三是模板施工技术水平参差不齐。从事建筑施工的多为农民工，其文化水平相对来说比较低，部分工人的施工经验相对不足，对于模板组装知识了解并不全面，没有根据规定要求进行组装。与此同时，还有一部分施工人员的责任意识差，组装期间出现问题，没有及时地进行纠正和处理，这也对混凝土工程施工质量产生了消极影响。

3.建筑钢筋施工质量问题

钢筋是建筑混凝土工程的基础部分，建筑施工中所使用的钢筋都是根据建筑设计需要选择的，该环节存在的问题主要包含有以下方面：一是建筑钢筋原材料问题。当前市场上钢筋的型号、规格多种多样，不同型号、规格的钢筋用途也不尽相同，不同建筑所需要的钢筋也有所差异。施工单位在购买钢筋时没有严格按照规定标准进行，导致钢筋材料质量不佳，是影响混凝土工程施工质量的重要原因。二是操作流程不规范。施工人员的技术水平低，如不熟悉钢筋焊接绑扎的方法，焊接方法不当，接头的脆性比较高，钢筋使用期间出现断裂。同时钢筋安装时需要垫块，垫块数量、强度等都有一定要求，垫块强度低或者是数量不够都可能会导致钢筋腐蚀，影响工程质量，缩短建筑的使用时间。

五、建筑混凝土工程质量控制策略

（一）加强对原材料的控制

通过对上文的分析可以发现，原材料质量是影响混凝土工程施工质量的重要因素之一，其也是建筑工程质量不佳的根本性原因。因此，在建筑混凝土工程施工期间，要加强对原材料的把关，施工单位在混凝土工程施工前，需要结合工程的实际需要，灵活选材。比如说，材料的型号、质量等必须要严格把关，做好质检工作，保证所有材料达到了工程建设标准需要，才能让这些施工材料进入到施工场地。与此同时，施工单位还需做好材料现场抽查工作，查看原料是否存在有质量方面的问题，对质量不过关的原材料要及时剔除，重新选购合适材料，需要注意的是，施工现场材料抽查，要重复进行多次，可以结合施工进度确定抽查时间。此外，还应当督促施工现场管理人员，做好材料保管工作，避免材料受到外界的侵蚀，如水泥一旦被雨水打湿，就无法进行使用，部分钢筋接触到雨水则会锈蚀。

（二）完善工程施工流程

建筑混凝土工程施工期间，需要制定完善的施工流程，这样才能有针对性地开展各项施工工作，保证施工质量。建筑混凝土工程施工包含有多方面的内容，任何一个环节的工作没有做好，都可能会对工程的整体质量造成消极影响。如果没有完善的施工计划和流程，可能会导致施工混乱，从而导致工程质量不佳。如在建筑施工中最容易出现纰漏的部分就是混凝土运输环节，运输没有衔接好，导致混凝土凝结或者是离析，影响施工质量，之所以会出现该问题就是因为施工流程不够完善。而制定了完善的施工流程之后，能够保证在短时间内将混凝土安全的运输到工地上，提高施工质量。

（三）提高施工人员施工技能

施工人员技术水平高低，直接影响着施工质量。因此，在建筑混凝土工程施工期间，必须要想办法提高施工人员的技术水平，其可以从以下几个层面入手。一是要做好施工人员的岗前技能培训，保证所有施工人员的技术水平都符合相关规定标准要求，然后安排其参与相应环节的施工，施工期间要明确混凝土工程的技术要点，如钢筋焊接绑扎、混凝土制作运输及模板安装等环节该如何开展都需要明确。其次，则应当提高施工人员招聘门槛，尽可能招聘高素质且具有一定施工经验混凝土施工人员。最后，在平时还应加强施工质检，如在设计模板支架时，要求工作人员对模板进行测量，后期的施工检查中还应当做好二次测量工作，保证其与前期设计不存在误差，针对施工中存在的问题，及时地进行纠正，齐心协力做好混凝土工程。

（四）完善施工质量监管体系

质量监管是保证混凝土工程施工质量符合标准要求的关键所在。但是，当前部分施工单位的监管体系依旧不够健全，对于工程监管的重视度有限，影响混凝土工程施工质量。因此，还需积极改善这方面的问题。在平时的施工中，加强对工程的视察和清点，杜绝施工期间可能存在的安全隐患，重点勘察模板搭建、钢筋焊接等对工程质量影响比较大的环节。当然，在完善施工质量监管体系时，实际上对于工作人员的综合素质也有着较高的要求，其需要对混凝土工程施工原理以及影响工程质量的因素有充分的了解，这样才能及时的发现使用中存在的问题，并解决问题。同时，在工程竣工之后，也需要快速整理竣工资料，对竣工资料进行检查验收，确保相关资料的真实性、权威性和有效性，针对不符合规定标准的建筑不允许其投入使用，对其存在的问题及时的改进，保证建筑工程在交付日期之前达到规定要求的标准，以延长建筑使用寿命。

总而言之，建筑混凝土工程质量与建筑物的安全、使用寿命等息息相关，而影响混凝土工程施工质量的因素是多方面的，如原材料、技术、管理等多个环节都将会对工程质量产生影响。因此，在建筑施工过程中，要从这些方面入手，选择优质材料，提升施工人员操作技术水平，做好施工后期管理工作，进而提高混凝土工程整体质量，满足现代化建筑施工质量。

第二节 模板工程

混凝土结构的模板工程，是混凝土构件成型的一个十分重要的组成部分之一。现浇混凝土结构使用的模板工程的造价约占钢筋混凝土工程总造价的 30%，占总用工量的 50%。因此，采用先进的模板技术，对于提高工程质量、加快施工速度、提高劳动生产率、降低工程成本和实现文明施工，都具有十分重要的积极意义。

一、模板工程的基本要求

现浇混凝土结构所用的模板技术已迅速向多样化、体系化方向发展，除了木模板以外，已形成组合式、工具式和永久式三大系列工业化模板体系。无论是采用哪一种模板，模板及其支架都必须满足下列要求：

1. 保证工程结构和构件各部分结构尺寸和相互位置的正确性。

2. 具有足够的承载能力、刚度和稳定性，能够可靠地承受新浇筑混凝土的重力和侧压力，以及在施工过程中所产生的其他荷载。

3. 构造简单，装拆方便，能多次周转使用，并便于钢筋的绑扎、安装和混凝土的浇筑、养护等工艺要求。

4. 模板的接缝不应漏浆。

5. 模板的材料宜选用钢材。木材、胶合板、塑料等，模板的支架材料宜选用钢材等，各种材料的材质应符合相关的规定。

6. 模板的混凝土接触面应涂隔离剂，不适合采用油质类等影响结构或妨碍装饰工程施工的隔离剂。严禁隔离剂沾污钢筋。

7. 对模板及其支架应定期维修，钢模板及钢支架应防止锈蚀。

8. 在浇筑混凝土前，应对模板工程进行验收。模板安装和浇筑混凝土时，应对模板及其支架进行观察和维护。发生异常情况时，应按照施工技术方案及时进行处理。

9. 模板及其支架拆除的顺序及安全措施应按照施工技术方案执行。

二、模板的分类

（一）按现浇钢筋混凝土结构类型分类

按现浇钢筋混凝土结构类型分类，模板主要可分为基础模板、柱模板、梁模板、楼板模板、楼梯模板、墙模板、壳模板等多种类型。

（二）按建筑材料分类

按建筑材料分类，模板可分为木模板、钢木模板、钢模板、胶合板模板、塑料模板、玻璃钢模板和铝合金模板等。

（三）按施工方法分类

按施工方法分类，模板可分为现场装拆式模板、固定式模板和移动式模板三种。

（1）现场装拆式模板是在施工现场按照设计要求的结构形状、尺寸及空间位置现场组装的模板，当混凝土达到拆模强度后拆除模板。现场装拆式模板多用定型模板和工具式支撑。

（2）固定式模板多用于制作预制构件，是按照构件的形状、尺寸在现场或预制厂制作，涂刷隔离剂，浇筑混凝土。待混凝土达到规定强度后立即脱模、清理模板，再重新涂刷隔离剂，制作下一批构件。各种胎模也属于是固定式模板。

（3）移动式模板是随混凝土的浇筑，模板可沿垂直方向或水平方向移动，如墙柱混凝土浇筑时采用的滑升模板、提升模板等。

三、胶合板模板

钢筋混凝土模板用的胶合板包括木胶合板和竹胶合板两类。而如今，胶合板的使用比较广泛，主要是由于胶合板除了具有木模板重量轻，制作、改制、装拆、运输方便，投资少的优点外，还具有平面尺寸大、质量轻、表面平整、可周转使用的优点。

1.胶合板模板的类型

（1）木胶合板模板。

1）木胶合板模板的构造。木胶合板通常是由5层、7层、9层、11层等奇数单层木胶合板经热压固化胶合而成，相邻层的纹理方向相互垂直，最外层表面的纹理应当与胶合板的长边平行。因此，使用时应注意胶合板的长向为强方向，短向为弱方向，如图 3-1 所示。

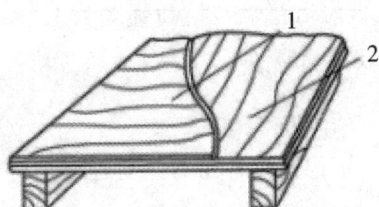

图3-1 木胶合板纹理方向与使用

1—表板；2—芯板

2）木胶合板模板尺寸。一般宽度为 1200mm 左右，长度为 2400mm 左右，厚度为 12~18mm。

3）承载能力。木胶合板的承载能力与胶合板的厚度、静弯曲强度以及胶合性能、弹性模量有关。静弯曲强度和弹性模量测试装置如图 3-2 所示。

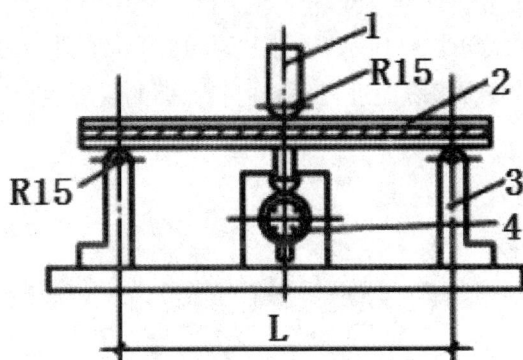

图3-2 静弯曲强度及弹性模量测试装置

1—压头；2—试件；3—支座；4—百分表

4）使用要点。耐碱性、耐水性、耐热性、耐磨性以及脱模性，如果进行重复使用，必须要使用表面进行处理的胶合木模板。

禁止将模板从高处扔下；

脱模后立即清洗板面浮浆，堆放整齐；

胶合板周边涂封边胶，及时清除水泥浆；

胶合板板面尽量不钻洞，遇有预留孔洞等普通板材拼补。

5）常规的支模方法。用 $\phi 48 \times 3.5$ 脚手钢管搭设排架，排架上铺放间距为 400mm 左右的 50mm × 100mm 或者 60mm × 80mm 木方（俗称 68 方木）。作为面板下的楞木。木胶合板常用厚度为 12mm、18mm，木方的间距随胶合板厚度做调整。这种支模方法简单易行，现在已经在施工现场大面积使用。

（2）竹胶合板模板。我国竹材资源丰富，且竹材具有生长快、生产周期短（一般2~3年成材）的特点。另外，一般竹材顺纹抗拉强度为18N/mm²，为松木的25倍、红松的1.5倍，横纹抗压强度为6~8N/mm²，是杉木的1.5倍、红松的2.5倍，静弯曲强度为15~16N/mm²。

因此，在我国木材资源较为短缺的情况下，通过以竹材为原料，制作混凝土模板用竹胶合板，具有收缩率小，膨胀率和吸水率低，以及承载能力大的特点，是一种具有发展前途的新型建筑模板。

1）组成和构造。竹胶合板通常由面板和芯板刷酚醛树脂胶，经热压固化胶合成型，其面板与芯板所用材料既有不同，又有相同。芯板是将竹子劈成竹条（称竹帘单板），宽度为14~17mm，厚度为3~5 mm，在软化池中进行高温软化处理后，作烤青、烤黄、去竹衣及干燥等进一步处理，用人工或编织机编织。面板通常为编席单板，做法是将竹子劈成复片，由编工编成竹席。表面板采用薄木胶合板。这样既可利用竹材资源，又可兼有木胶合板的表面平整性。在混凝土工程中，常用的竹胶合板厚度为9mm。

竹胶合板断面示意，如图3-3所示。为了提高竹胶合板的耐水性、耐磨性和耐碱性，经过相关试验证明，竹胶合板表面进行环氧树脂涂面的耐碱性较好，进行瓷釉涂料涂面的综合效果最佳。

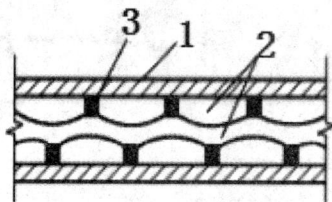

图3-3　竹胶合板断面示意

1—竹席或薄木片面板；2—竹帘芯板；3—胶粘剂

2）规格和性能。按照国家标准《竹胶合板模板》（JG/T 156—2004）的规定。

2.胶合板的施工工艺

（1）胶合板模板的配制方法。

1）按设计图纸尺寸直接配制模板。形体简单的结构构件，可根据结构施工图纸直接按尺寸列出模板规格和数量进行配制。模板厚度、横档及楞木的断面和间距，以及支撑系统的配置，都可以按照支承要求通过计算选用。

2）采用放大样方法配制模板。形体复杂的结构构件，如楼梯、圆形水池等，可在平整的地坪上，按结构图的尺寸面出结构构件的实样，量出各部分模板的准确尺寸或套制样板，同时确定模板及其安装的节点构造，进行模板的制作。

3）用计算方法配制模板。形体复杂不宜采用放大样方法，但是有一定几何形体规律的构件，可用计算方法结合放大样的方法，进行模板的配制。

4）采用结构表面展开法配制模板。一些形体复杂且又由各种不同形体组成的复杂体型结构构件，如设备基础，其模板的配制可采用先量出模板平面图和展开图。再进行配模设计和模板制作。

（2）胶合板模板配制要求。

1）应直接使用整张胶合板模板，尽量减少随意锯截，造成胶合板浪费。

2）木胶合板的常用厚度一般为 12mm 或 18mm，竹胶合板的常用厚度一般为 12mm，内、外楞的间距可随胶合板的厚度，通过设计计算进行调整。

3）支撑系统可以选用钢管脚手架，也可采用木材。采用木支撑时，不得选用脆性、严重扭曲和受潮容易变形的木材。

4）钉子长度应为胶合板厚度的 1.5~2.5 倍。每块胶合板与木楞相叠处至少钉两个钉子。第二块板的钉子要转向第一块模板方向斜钉，使拼缝严密。

5）配制好的模板应在反面编号并写明规格，分别堆放保管，以避免错用。

6）胶合板模板适用于现浇钢筋混凝土框架结构、剪力墙结构和简体结构的施工。

四、木模板

木模板一般是在木工车间或木工棚加工成基本组件，然后在现场进行拼装。拼板由板条用拼条钉成，如图 3-4 所示。板条厚度一般为 25~50mm，宽度不大于 200mm，以保证在干缩时缝隙均匀，浇水后易于密封，受潮后不容易翘曲。梁底的拼板由于受到较大荷载需要加到 40~50mm。拼条根据受力情况可平放或立放。拼条间距取决于所浇筑混凝土的侧压力和板条厚度，一般为 400~500mm。

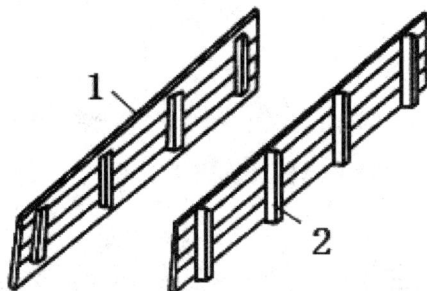

图3-4　拼板的构图

1—板条；2—拼条

1. 基础模板

基础阶梯的高度不符合钢模板宽度的模数时，可加镶木板。对杯形基础，杯口处在模板的顶部中间装杯芯模板上。

2. 柱模板

柱子的断面尺寸不大但比较高。因此，柱子模板的构造和安装主要考虑保证垂直度及抵抗新浇混凝土的侧压力；与此同时，也要便于浇筑混凝土、清理垃圾与钢筋绑扎等。

柱模板由两块相对的内拼板夹在两块外拼板之间组成；也可用短横板（门子板）代替外拼板钉在内拼板上。有些短横板可先不钉上，作为混凝土的浇筑孔，等到混凝土浇至其下口时再钉上。

柱模板支设安装的程序：在基础顶面弹出柱的中心线和边线→根据柱边线设置模板定位框→根据定位框位置竖立内外拼板，并用斜撑临时固定→由顶部用垂球校正模板中心线，使其垂直→模板垂直度检查无误后，即用斜撑钉牢固定。

柱模板底部开有清理孔，沿高度每隔 2m 开有浇筑孔（也是振捣口）。柱底部一般有一钉在底部混凝土上的木框，用来固定柱模板的位置。为承受混凝土侧压力，拼板外要设柱箍，柱箍可为木制、钢制或钢木制。柱箍间距与混凝土侧压力大小、拼板厚度有关，由于侧压力是下大上小，因而柱模板下部柱箍较密。柱模板顶部根据需要开有与梁模板连接的缺口。

安装柱模板前，应先绑扎好钢筋，测出标高并标在钢筋上，同时在已浇筑的基础顶面或楼面，上固定好柱模板底部的木框，在内外拼板上弹出中心线。根据柱边线及木框位置竖立内外拼板，并用斜撑临时固定，然后由顶部用锤球校正，使其垂直。检查无误后，即用斜撑钉牢固定。同在一条轴线上的柱，应先校正两端的柱模板，再从柱模板上口中心线拉一根钢丝来校正中间的柱模板。柱模板之间还要用水平撑及剪刀撑相互拉结。

3. 梁模板

梁的跨度较大而宽度不大。梁底一般是架空的，混凝土对梁侧模板有水平侧压力，对梁底模板有垂直压力，因此，梁模板及其支架必须能承受这些荷载而不致发生超过规范允许的过大变形。

如图 3-5 所示，梁模板主要由底模、侧模、夹木及其支架系统组成，底模板承受垂直荷载，一般较厚，下面每隔一定间距（800~120mm）有顶撑支撑，顶撑可用圆木、方木或钢管制成，顶撑底应加垫一对木楔块以调整标高。为使顶撑传递下来的集中荷载均匀地传递给地面，在顶撑底加铺垫板。多层建筑施工中，应使上、下层的顶撑在一条竖向直线上。侧模板承受混凝土侧压力，应包在模板的外侧，底部用夹木固定，上部用斜撑和水平拉条固定。

如梁跨度大于或等于4m，应使梁底模起拱，防止新浇筑混凝土的荷载使跨中模板下挠。设计没有规定时，起拱高度宜为全跨长度的1/1000~3/1000，起拱不得减少构件的截面高度。

梁模板支设安装的程序：在梁模板下方楼地面上铺垫板→在柱模缺口处钉上衬口档，把底模板搁置在衬口档上→立起靠近柱或墙的顶撑，再将梁长度等分→立中间部分顶撑，在顶撑底下打入木楔并检查调整标高→把侧模板放上。两头钉于衬口档上→在侧板底外侧铺钉夹木，再钉上斜撑、水平拉条。

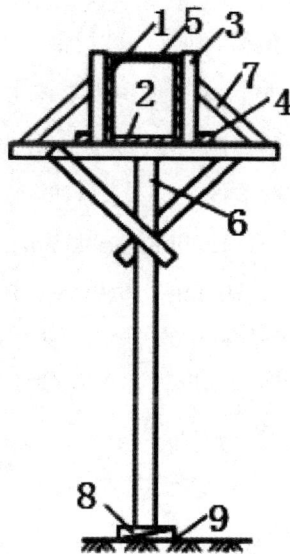

图3-5 单梁模板

1—侧模板；2—底模板；3—侧模拼条；

4—夹木；5—水平拉条；6—顶撑（支架）；

7—斜撑；8—木楔；9—木垫板

4.楼板模板

楼板的面积大面厚度比较薄，侧压力小。楼板模板及其支架系统主要承受钢筋混凝土的自重及其施工荷载，来保证模板不变形。楼板模板的底模用木板条或用定型模板或用胶合板拼成，铺设在楞木上。楞木搁置在梁模板外侧托木上，若是楞木面不平，可以加木楔调平，当楞木的跨度较大时，中间应加设立柱。立柱上钉通长的杠木。底模板应垂直于楞木方向铺钉并适当调整楞木间距，来适应定型模板的规格。

楼板模板支设安装程序：主、次梁模板安装→在梁侧模板上安装楞木→在楞木上安装托木→在托木上安装楼板底模→在大跨度楞木中间加设支柱→在支柱上钉通长的杠木。

五、组合钢模板

组合钢模板是一种工具式定型模板，由钢模板和支撑件两大部分组成。它可以拼成不同尺寸、不同形状的模板，以适应基础，柱、梁、板、墙施工的实际需要。组合钢模板尺寸适中，轻便灵活，装拆方便。

1.组合钢模板的组成

组合钢模板主要由钢模板、连接件和支承件三部分组成。

（1）钢模板。钢模板分为平模板和角模板。平模板由面板、边框、纵横肋构成。边框与面板常用2.5~3.0mm厚钢板一次轧成，纵横肋用3mm厚扁钢与面板及边框焊成。为便于连接，边框上有连接孔，边框的长向及短向的孔距均保持一致，以便于横竖都能拼接。平模板的长度有1500mm、1200mm、900mm、750 mm、600mm、450mm六种规格，宽度有300mm、250mm、200mm、150mm、100mm五种规格（平模板用符号P表示，如宽为300mm长为1500mm的平模板则用P3015表示），因而可组成不同尺寸的模板。在构件接头处（如柱与梁接头）等特殊部位，不足模数的空缺可用少量木模板补缺，用钉子或螺栓将方木与平模板边框孔洞连接。角模板又分为阴角模板、阳角模板及连接角模板，阴、阳角模板用作成型混凝土结构的阴、阳角，连接角模板用作两块平模板拼成90°的连接件。

（2）钢模板连接配件。组合钢模板连接配件包括U形卡、L形插销、钩头螺栓、对拉螺栓、紧固螺栓和扣件等。

1）U形卡。用于钢模板与钢模板之间的拼接，其安装间距一般不得大于300mm，即每隔一孔卡插一个，安装方向一顺一倒相互错开，如图3-6所示。

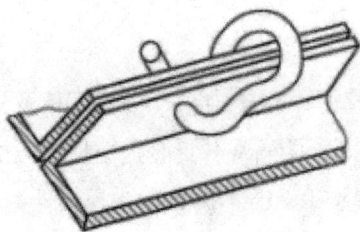

图3-6　U形卡

2）L形插销。用于两个钢模板端肋相互连接，可增加模板接头处的刚度，保证板面平整，如图 3-7 所示。

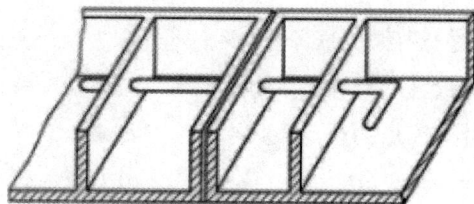

图3-7　L形插销

3）钩头螺栓及"3"形扣件、蝶形扣件。用于连接钢楞（圆形钢管、矩形钢管、内卷边槽钢等）与钢模板。

4）对拉螺栓。用于连接整向构件（墙、柱、墩等）的两对侧模板。

（3）组合钢模板的支承件。组合钢模板的支承件包括了柱箍、梁托架、支托桁架、钢管顶撑及钢管支架。

1）柱箍。柱箍可采用角钢、槽钢制作，也可采用钢管及扣件制作。

2）梁托架。梁托架用来支托梁底模和夹模。梁托架可用钢管或角钢制作，其高度为 500~800mm，宽度达 600mm，可以根据梁的截面尺寸进行调整，高度较大的梁，可用对拉螺栓或斜撑固定两边侧模。

3）支托桁架，有整体式和拼接式两种。拼接式桁架可由两个半榀桁架拼接，来适应不同跨度的需要。

4）钢管顶撑，由套管及插管组成，其高度可借插销粗调，借螺旋微调。钢管支架由钢管及扣件组成，支架柱可用钢管对接（用对接扣连接）或搭接（用回转扣连接）接长。支架横杆步距为 1000~1800mm。

2. 组合钢模板施工工艺流程

组合钢模板的施工工艺适用于建筑工程中现浇钢筋混凝土结构柱、墙、梁等构件的模板施工下面。以钢筋混凝土框架结构为例，学习柱、梁，墙模板的施工工艺流程和施工操作要求。

（1）柱模板。

柱模板的安装：

1）准备工作。首先，是放线，根据设计图纸在楼地面上弹出模板内边线和中心线，供模板安装和校正之用；其次，在模板安装前，模板底部需预先找平，主要是保证模板位置准确，避免模板底部漏浆；最后，在外柱部位设置模板承垫条并校正其平直度。

2）焊定位筋。在柱四边的主筋上，距离地面 50~80mm 处电焊水平定位筋，每边至少有两处，固定模板，防止滑移。

3）刷脱模剂。模板安装前刷水性脱模剂，主要是海藻酸钠。

4）安装柱模。安装通排柱模板前，应该先搭设双排脚手架，并将柱顶及柱脚固定于脚手架上，便于柱模板的校正调直。

5）安装柱箍。待柱模板安装完成后，在模板外侧安装柱箍，防止浇筑混凝土过程中模板变形。

6）校正、封堵清扫口。浇筑混凝土前，对柱模板进行再次校正。用清水冲洗模板后，封堵清扫口，防止模板中杂物残留于柱内。

（2）梁模板。

1）梁模板安装。

①准备工作。在柱子上弹出轴线、梁位置线和水平线，固定柱头模板。

②搭梁支架。通常搭设双排立杆支架，间距宜为 900~1200mm。梁支架立柱中间应安装大横杆与楼板支架拉通连接成整体，并且最下面一层横杆（扫地杆）应距地面至少 200mm。

③刷脱模剂。模板安装前刷水性脱模剂，主要是海藻酸钠。

④安装梁模板。安装梁模板时先安装底模，当梁跨度大于 4m 时，应该按照设计起拱，如无设计要求，按（1/1000~3/1000）1（1 为梁的全跨长度）。底模安装并校正完成后，再安装梁侧模板，用 U 形卡将梁侧模与梁底模通过连接角模进行连接，梁侧模板的支撑采用梁托架或三脚架、扣件、钢管等与梁支架连接成整体，形成三角斜撑。斜撑间的间距宜为 700~800mm；当梁侧模板间距超过 600mm 时，应加对拉螺栓固定。

⑤校核尺寸。梁侧模板安装完后，校核梁截面尺寸、梁底标高及梁底起拱尺寸，并清扫模板内杂物。

2）墙模板安装。

①准备工作。清理墙筋底部，若墙底部平整度较差，则用水泥砂浆进行找平处理。找平后，弹出墙边线及模板控制线，通常两者间距为 150mm。

②焊定位筋。依据支模方案，在墙两侧纵筋上焊定位筋，在墙对拉螺栓处加焊定位筋，起到固定模板、防止滑移的作用。

③刷脱模剂。模板安装前刷水性脱模剂，主要是海藻酸钠。

④安装墙模。按照模板设计要求，先在现场拼装墙模板，拼装时内钢楞水平安装，外钢楞竖直安装，两者共同固定墙模板；依照设计图中门窗洞口位置线，安装门窗洞

口模板及预埋件；再将预先拼装好的墙模板按设计图安装就位，并用斜撑和拉杆固定，安装套管和对拉螺栓；最后，安装另一侧模板，将拼装好的模板安装就位。进行校正后，拧紧穿墙对拉螺栓，并与脚手架连接固定。

⑤校正、封堵清扫口。模板全部安装完成后，校正扣件、螺栓连接情况及模板拼缝和下口的严密性。

六、模板的拆除

1. 拆除模板时的混凝土强度

现浇结构的模板及其支架拆除时的混凝土强度应符合设计要求，当设计无具体要求时，应该满足下列要求：在混凝土强度能保证其表面及棱角不受损坏时，侧模方可拆除；在混凝土强度符合表 3-1 的规定后，底模方可拆除。

表3-1　底模拆模时所需混凝土强度

结构类型	结构跨度/m	按设计的混凝土立方体验压强度标准值的百分率/%
	≤2	≥50
板	>2，≤8	≥75
	>8	≥100
梁，拱、壳	≤8	≥75
悬臂构件	—	≥100

已拆除模板及其支架的结构，在混凝土强度符合设计的混凝土强度等级的要求后，方可承受全部使用荷载；当施工荷载所产生的效应比使用荷载的效应更为不利时，必须要经过相关核算，加设临时支撑。

2. 拆模顺序

拆模应按一定的顺序进行。一般应遵循先支的后拆、后支的先拆，先拆非承重模板、后拆承重模板以及自上而下的原则。重大复杂模板的拆除，事的应编制拆除方案。

（1）柱模。单块组拼的应先拆除钢楞、柱箍和对拉螺栓等连接件、支撑件，再由上而下逐步拆除；预组拼的则应先拆除两个对角的卡件并做临时支撑后，再拆除另外两个对角的卡件，待吊钩挂好，拆除临时支撑，方能脱模起吊。

（2）墙模。单块组拼的在拆除对拉螺栓、大小钢楞和连接件后，自上面下逐步水平拆除；预组拼的应在挂好吊钩，检查所有连接件都拆除后，方能拆除临时支撑，脱模起吊。

（3）梁、楼板模板。应先拆梁侧模，再拆楼板底模，最后拆除梁底模。拆除跨度较大的梁下支柱时，应先从跨中开始分别拆向两端。多层楼板模板支柱的拆除，应该按照下列要求进行：上层楼板正在浇筑混凝土时，下一层楼板的模板支柱不得拆除，再下一层楼板模板的支柱，仅可拆除一部分，如跨度 4m 及 4m 以下的梁下均应保留支柱，其间距不得大于 3m。

3.拆模注意事项

（1）拆模时，操作人员应站在安全处，来避免发生安全事故。

（2）拆模时，尽量不要用力过猛、过急，严禁用大锤和撬棍硬砸、硬撬，以避免混凝土表面或模板受到严重损坏。

（3）拆下的模板及配件，严禁抛扔，要有人接应传递，按指定地点堆放；并做到及时清理，维修和涂刷好隔离剂，以备待用。拆除模板过程中，如发现混凝土有影响结构安全的质量问题时，应暂停拆除，经过处理后方可继续拆除。

七、模板设计

模板设计的内容主要包括选型及构造设计、荷载及其效应计算、承载力及刚度验算、抗倾覆验算和绘制模板及支架施工图等。各项设计的内容和详尽程度，可根据工程的具体情况和施工条件确定模板设计要求包括以下四个内容：

1.模板及其支架应根据工程结构形式，荷载大小、地基土类，施工设备、材料供应等条件进行设计，模板及其支撑系统必须具有足够的强度、刚度和稳定性。其支撑系统的支承部分必须有足够的支撑面积，能可靠地承受浇筑混凝土的重量侧压力以及施工荷载。

2.模板工程应依据设计图纸编制施工方案，进行模板设计，并根据施工条件确定的荷载对模板及支撑体系进行验算，必要时应进行有关试验。在浇筑混凝土之前，应对模板工程进行验收。

3.模板安装和浇筑混凝土时，应对模板及其支架进行观察和维护，发生异常情况时，应按施工技术方案及时进行处理。

4.对模板工程所用的材料必须认真检查、选取，不得使用不符合质量要求的材料。模板工程施工应具备制作简单、操作方便、牢固耐用、运输及整修容易等特点。

第三节　钢筋工程

一、钢筋工程常见问题

1. 钢筋锈渍所引起的质量问题。钢筋质量问题是影响钢筋性能发挥的关键因素，因此，对钢筋质量需要严格要求，主要钢筋质量问题体现在钢筋表面有锈渍，锈渍过多会引起钢筋表层颜色发生变化，锈渍严重时容易导致钢筋表面出现鳞片脱落的现象，进而使钢筋的性能降低。

2. 钢筋加工不符合标准。钢筋工程问题除了受钢筋材料本身质量因素影响外，钢筋加工标准也是一个重要的因素。例如，在钢筋工程中，钢筋加工时钢筋尺寸制作标准与施工要求不相符，是因为加工过程中，定位尺不标准，或者刀片之间间隙不均匀都可能造成钢筋加工规格不标准；与此同时，剪短尺寸没有按照实际施工设计进行，而是选择利用以往的经验大约式的进行剪短，导致钢筋长短不符合施工标准，不仅会造成施工的不便，还带来了不同程度的经济损失；矩形箍筋成型的基本标准是以直角90度为准，而加工后并没有达到要求，不能够形成对称角；还有在钢筋搬运或者运输过程中，钢筋被撞弯等现象，都会导致钢筋规格不够规范，而施工过程中对钢筋规格的要求不够重视，进而导致不规格的钢筋被投入使用，最终工程质量问题发生。

3. 钢筋绑扎不符合要求。钢筋绑扎在钢筋施工中最为常见，而绑扎技术若是不合格，直接会影响到钢筋的使用性能。通常情况下发生钢筋绑扎问题发生的主要原因有：钢筋垫块架设过高或者过低、构造柱钢筋标注不准确、混凝土重量过高、垫块质量不合格等原因，导致钢筋下移，标注点逐渐改变位置，使得钢筋发生局部下降情况。

4. 露筋。漏筋的主要原因有：保护层砂浆不足、砂浆质量不合格出现脱落情况、钢筋尺寸与施工要求不符、钢筋绑扎不正确等，这些因素的存在都会造成钢筋外形尺寸偏大，钢筋施工过程中很容易出现局部触碰模板现象，再加上振捣混凝土的过程中，钢筋被撞。会使钢筋发生移位、变形等情况，进而影响捆绑处发生松动现象，钢筋施工漏筋现象便无法避免。还有就是施工人员对钢筋施工技术掌握不足，不能完全按照标准施工进行，而对漏出的钢筋不能采取有效的补救措施。

对多年来漏筋问题发生原因以及产生的影响调查发现，漏筋是一个非常严重的问题，例如：某市居民楼钢筋施工，楼板处近一半以上的面积出现漏筋情况，而导致漏筋的主要原因是混凝土施工后，施工人员因对其保护意识不够重视，施工过程中对钢筋处踢打情况常有，进而造成漏筋，可想而知，人工造成的漏筋情况要远比保护层缺失严重得多，进而影响到楼板结构性能下降，承载力降低，同时使用寿命也随之缩短。

二、提高钢筋工程质量的措施

1. 确保钢筋质量过硬。依照图纸要求，制定钢筋采购计划质量指标，验收入库钢筋的名称、规格、型号、数量、质量，所有型号、规格的钢筋必须"三证"齐全，不具备"三证"坚决拒收，并且在材料进场时，由项目管理人员和监理单位对其进行质量验收，从根本上入手，有效避免在建筑工程中出现腐败、回扣现象，这样才能更好的对钢筋质量进行把控。

2. 正确处理好钢筋接长。对于焊接，要保障焊条和焊剂质量符合标准，在焊接时注意检查焊接电流、电压、熔断时间，每次焊接完成后根据规范要求进行检查。对于采用机械接长，接头质量要符合 JGJ107 钢筋机械链接通用技术规程的标准，外露丝扣两端要相等，不能够大于一个丝扣的距离。

3. 钢筋绑扎技术处理。在建筑过程中，四周的两行钢筋交叉点一定要扎牢，重点部位的交叉点可以交错扎牢，但前提是必须保证受力钢筋不可以发生位移。钢筋撑脚形式每间隔 1m 放置一个，其直径的选择：当板厚 h≤30cm 时直径为 8mm~10mm；当板厚 h=30cm~50cm 时直径为 12mm~14mm；当板厚 h>50cm 时直径为 16mm~18mm。

三、钢筋的分类及验收堆放

1. 钢筋的分类

钢筋混凝土结构中常用的钢材，有钢筋和钢丝两类。钢筋可分为热轧钢筋和余热处理钢筋。热轧钢筋可分为热轧带肋钢筋和热轧光圆钢筋。热轧带肋钢筋的牌号由HRB 和牌号的屈服点最小值构成，分为 HRB335、HRB400、HRB500 三个牌号；热轧光圆钢筋的牌号为 HPB300。余热处理钢筋的牌号为 RRB400。钢筋按直径大小可分为钢丝（直径为 3~5mm）细钢筋（直径为 6~10mm）、中粗钢筋（直径为 12~20mm）和粗钢筋（直径大于 20mm），钢丝有冷拔钢丝、碳素钢丝及刻痕钢丝。直径大于 12mm的粗钢筋一般轧成 6~12m1 根；钢丝及直径为 6~12mm 的细钢一般卷成圆盘。另外，根据结构的要求还可采用其他钢筋，如冷轧带肋钢筋、冷轧扭钢筋、热处理钢筋及精轧螺纹钢筋等。

2. 钢筋的进场验收

钢筋的现场检验包括以下两个方面：

（1）检查产品合格证、出厂检验报告。钢筋出厂应具有产品合格证书、出厂试验报告单，作为质量的证明材料，所列出的品种，规格，型号，化学成分，力学性能等，必须满足设计要求，符合有关现行国家标准的规定。

（2）检查进场复试报告。进场复试报告是钢筋进场抽样检验的结果，以此来作为判断材料能否在工程中应用的依据。

钢筋进场时，应该按照现行国家标准《钢筋混凝土用钢 第2部分：热轧带肋钢筋》（GB1499.2—2018）的有关规定抽取试件，做力学性能检验，其质量符合有关标准规定的钢筋，可在工程中应用。

检查数量按进场的批次和产品的抽样检验方案确定。有关标准中对进场检验数量有具体规定的，应按标准执行；如果有关标准只对产品出厂检验数量有规定的，检查数量可按下列情况确定：

1）当一次进场的数量大于该产品的出厂检验批量时，应划分为若干个出厂检验批量，然后按出厂检验的抽样方案执行。

2）当一次进场的数量小于或等于该产品的出厂检验批量时，应作为一个检验批量，然后按出厂检验的抽样方案执行。

3）对连续进场的同批钢筋，当有可靠依据时，可按一次进场的钢筋处理。

（3）进场的每捆（盘）钢筋均应有标牌。按炉罐号、批次及直径分批验收，分类堆放整齐，严防混料并应对其检验状态做标记，防止混用。

（4）进场钢筋的外观质量检查应符合下列规定：

1）钢筋应逐批检查其尺寸，不得有超过允许偏差的尺寸。

2）逐批检查，钢筋表面不得有裂纹、折叠、结疤及夹杂，盘条允许有压痕及局部的凸快、凹块、划痕、麻面，但其深度或高（从实际尺寸算起）不得大于0.20mm，带肋钢筋表面的凸块，不得超过横肋高度。钢筋表面上其他缺陷的深度和高度不得大于所在部位尺寸的允许偏差，冷拉钢筋不得有局部缩颈现象。

3）钢筋表面氧化铁皮（铁锈）质量不大于16kg/t。

4）带肋钢筋表面标志清晰明了，标志包括强度级别，厂名（汉语拼音字头表示）和直径（mm）数字。

3. 钢筋的存放

钢筋运进施工现场后，必须严格按批分等级、牌号、直径、长度挂牌存放，并注明数量，不得混为一谈。钢筋应尽量堆入仓库或料棚内，并在仓库或场地周围挖排水沟，以利泄水。条件不具备时，应选择地势较高、土质坚实和较为平坦的露天场地存放。堆放时钢筋下面要加垫木，垫木距离面地不宜少于200mm，来防止钢筋锈蚀和污染。钢筋成品要分工程名称、构件名称、部位、钢筋类型、尺寸、钢号、直径和根数分别堆放，不能将几项工程的钢筋成品混放在一起，同时注意避开易造成钢筋污染和锈蚀的环境。

四、钢筋加工

为了充分发挥钢材的性能，提高钢筋的强度，节约钢材和满足预应力钢筋的要求，通常对钢筋进行加工处理。钢筋加工的方法包括冷拉、冷拔、除锈、调直、切断、弯曲成型等，通过加工提高钢筋的强度，是节约钢筋和提高钢筋混凝土结构构件强度和耐久性的一项重要技术措施。

1. 钢筋冷拉

冷拉钢筋的控制方法有控制应力和控制冷拉率两种方法。冷拉率是指钢筋冷拉伸长值与钢筋冷拉前长度的比值。

（1）控制应力法。

控制应力法的优点是：钢筋冷拉后的屈服点较为稳定，不合格的钢筋容易被发现和剔除；对预应力混凝土构件中做预应力筋的钢筋冷拉，多采用此方法。

（2）控制冷拉率法。

控制冷拉率时，只需将钢筋拉长到一定的长度即可。当钢筋平均冷拉率低于1%时，仍按1%进行冷拉。

HPB300级钢筋一般不做试验，可选用8%的冷抗率。对于测定的冷拉率不足1%时，仍按1%冷拉率时测定钢筋的冷拉应力计。冷拉率确定后，便可根据钢筋的长度求出冷拉时的拉长值。

若是钢筋已达到表中的最大冷拉率，而冷拉应力未达到表中的控制应力，则认为不合格。故不能分清炉批号的热轧钢筋，不应该采取控制冷拉率法。

无论采用哪种控制方法。冷拉钢筋的张拉速度都不宜过快。待张拉到规定的控制应力或冷拉率后，须稍停歇（1~2min），然后再放松。

2. 钢筋冷拔

钢筋冷拔是在常温下通过特质的钨合金拔丝模，将直径为6~10mm的HPB300级钢筋多次用强力拉拔成比原钢筋直径小的钢丝，使钢筋产生塑性变形。

钢筋经过冷拔后，横向压缩、纵向拉伸，钢筋内部晶格产生滑移，抗拉强度标准值可提高 50%~90%。但塑性降低，硬度提高。这种经冷拔加工的钢筋称为冷拔低碳钢丝。冷拔低碳钢丝可分为甲级、乙级。甲级钢丝主要用作预应力混凝土构件的预应力筋；乙级钢丝用于焊接网片和焊接骨架、架立筋。箍筋及构造钢筋。钢筋冷拔的工艺过程：轧头→剥皮→通过润滑剂→进入拔丝模。如钢筋需要连接时，则应在冷拔前进行对焊连接。

冷拔总压缩率和冷拔次数对钢丝质量和生产效率都有很大的影响。冷拔总压缩率越大，抗拉强度提高越多，塑性降低也就越多。

冷拔钢丝一般要经过多次冷拔，才能够达到预定的总压缩率。但冷拔次数过多，易使钢丝变脆且降低生产效率；冷拔次数过少，易将钢丝拔断且损坏拔丝模。冷拔速度也要控制适当，过快易造成断丝。

冷拔设备由拔丝机、拔丝模、剥皮装置、轧头机等组成。常用拔丝机有立式和卧式两种。

冷拔低碳钢丝的质量要求：表面不得有裂纹和机械损伤，并应该按照施工规范要求进行拉力试验和反复弯曲试验，甲级钢丝应逐盘取样检查，乙级钢丝可以分批抽样检查，其力学性能应符合《混凝土结构工程施工质量验收规范》（GB 50204—2015）的规定。

3. 钢筋除锈

工程中钢筋的表面应洁净，以保证钢筋与混凝土之间的握裹力，钢筋上的油漆，漆污和用锤敲击时能剥落的乳皮、铁锈等，应当在使用前清除干净。不得使用带有颗粒状或片状老锈的钢筋。

4. 钢筋调直

钢筋调直可分为人工调直和机械调直两种。人工调直又可分为绞盘调直（多用于12mm 以下的钢筋、板柱）、铁柱调直（用于粗钢筋）、蛇形管调直（用于冷拔低碳钢丝）；常用的机械调直包括钢筋调直机调直（用于冷拔低碳钢丝和细钢筋）、卷扬机调直（用于粗细钢筋）。

5. 钢筋弯曲成型

（1）钢筋弯钩弯折的规定。箍筋的弯钩，可按图 3-8 加工；对有抗震要求和受扭的结构，应按图 3-8（c）加工。

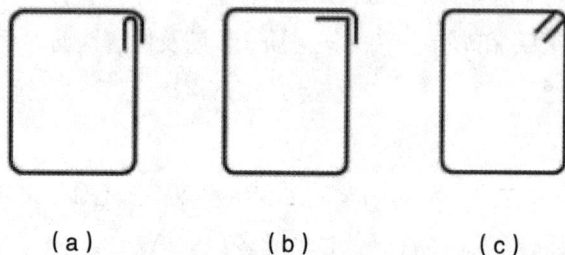

（a）　　　　（b）　　　　（c）

图3-8　箍筋示意

（a）90°/180°；（b）90°/90°；（c）135°/135°

（2）钢筋弯曲成型的方法。钢筋弯曲成型的方法有手工弯曲和机械弯曲两种。钢筋弯曲都应该在常温下进行，严禁将钢筋加热后弯曲。手工弯曲成型设备简单、成型准确；机械弯曲成型可减轻劳动强度、提高工效，但是在操作时应注意安全。

五、钢筋连接

钢筋连接方式可分为绑扎、焊接和机械连接三种。

1. 钢筋绑扎连接

钢筋绑扎连接是利用混凝土的粘结锚固作用，实现两根锚固钢筋的应力传递。为保证钢筋的应力能得到充分传递，必须满足施工规范规定的最小搭接长度的要求，且应将接头位置设在受力较小处。

钢筋绑扎应符合下列要求：

（1）纵向受力钢筋的连接方式应符合设计要求。

（2）钢筋接头宜设置在受力较小处。同一纵向受力钢筋宜少设接头，在结构的重要构件和关键受力部位，不宜设置连接接头。

（3）钢筋绑扎搭接接头连接区段及接头面积百分率应符合要求。

（4）纵向受力钢筋绑扎搭接接头的最小搭接长度应符合规定。

2. 钢筋焊接连接

（1）钢筋闪光对焊

闪光对焊广泛用于钢筋纵向连接及预应力钢筋与螺端杆的焊接。热轧钢筋的焊接宜优先采用闪光对焊，其次才考虑电弧焊。钢筋闪光对焊的原理是利用对焊机使两段钢筋接触，通过低电压的强电流，待钢筋被加热到一定温度变软后,进行轴向加压顶锻,形成对焊接头。

常用的钢筋闪光对焊工艺有连续闪光焊、预热闪光焊和闪光预热闪光焊。对 RRB400 级钢筋，有时在焊接后还进行通电热处理。通电热处理的目的，是对焊接头进行一次退火或高温回火处理，以消除热影响区产生的脆性组织，改善接头的塑性。通电热处理的方法，是焊接稍冷却后松开电极，将电极钳口调至最大距离，重新夹住钢筋，等到接头冷却至暗黑色（焊后 20~30s），进行脉冲式通电处理（频率约 2 次 /s，通电 5~7s）。等到钢筋表面呈橘红色并有微小氧化斑点出现时即可。焊接不同直径的钢筋时，其截面比不宜超过 1.5。焊接参数按大直径钢筋选择，并减少大直径钢筋的调伸长度。焊接时先对大直径钢筋预热，以使两者加热均匀。负温下焊接，冷却虽快，但易产生淬硬现象，内应力也大。对此，负温下焊接应减小温度梯度和冷却速度。为使加热均匀。增大焊件受热区，可增大调伸长度的 10%~20%，变压器级数可降低一级或两级，应使加热缓慢而均匀，降低烧化速度，焊后见红区应比常温时长。

钢筋闪光对焊后，除对接头进行外观检查（无裂纹和烧伤、接头弯折不大于 3°，接头轴线偏移不大于钢筋直径的 0.1 倍，也不大于 2mm）外，还应按《钢筋焊接及验收规程》（JGJ18—2012）中的规定进行抗拉试验和冷弯试验。

（2）钢筋电弧焊

电弧焊利用弧焊机使焊条与焊件之间产生高温电弧，使焊条和电弧燃烧范围内的焊件熔化，待其凝固便形成焊缝或接头。电弧焊广泛用于钢筋接头、钢筋骨架焊接、装配式结构接头的焊接、钢筋与钢板的焊接及各种钢结构焊接。

钢筋电弧焊的接头形式，它包括搭接焊接（单面焊缝或双面焊缝）、帮条焊接头（单面焊缝或双面焊缝）、坡口焊接头（平焊或立焊）、熔槽帮条焊接头（用于安装焊接 d≥25mm 的钢筋）和窄间隙焊（置于 U 形铜模内）。

弧焊机有直流与交流之分，常用的为交流弧焊机。

焊条的种类很多，如 E4303、E5503 等，钢筋焊接根据钢材等级和焊接接头形式选择焊条。焊条表面涂有药皮，它可保证电弧稳定，使焊缝免致氧化并产生熔渣覆盖焊缝，来减缓冷却速度，对熔池脱氧和加入合金元素，以保证焊缝金属的化学成分和力学性能。

焊接电流和焊条直径，根据钢筋类别、直径、接头形式及焊接位置进行选择。

搭接接头的长度，帮条的长度，焊缝的长度和高度等，规程都有明确规定。采用帮条焊或搭接焊时，焊缝长度不应小于帮条或搭接长度，焊缝高度 h≥0.3d 并不得小于 4mm，焊缝宽度 b≥0.7d 并不得小于 10mm。电弧焊一般要求焊缝表面平整，无裂纹，无较大凹陷、焊瘤，无明显咬边、气孔、夹渣等缺陷。在现场安装条件下，每一层楼以 300 个同类型接头为一批，每一批选取 3 个接头进行拉伸试验。如有一个不合格，取双倍试件复验；再有一个不合格，则该批接头不合格。如对焊接质量有怀疑或发现异常情况，还可进行非破损方式（X射线、γ射线、超声波探伤等）检验。

（3）钢筋电渣压力焊

钢筋电渣压力焊是将两钢筋安放成竖向对接形式，利用焊接电流通过两钢筋端面间隙，在焊剂层下形成电弧过程和电渣过程，产生电弧热和电阻热，熔化钢筋，加压完成连接的一种焊接方法。其具有操作方便、效率高、成本低、工作条件好等特点，适用于现浇混凝土结构施工中竖向或斜向（倾斜度不大10°）连接，但不得在竖向焊接之后将其再横置于梁、板等构件中做水平钢筋之用。

钢筋电渣压力焊具有电弧焊、电渣焊和压力焊共同的特点。其焊接过程可分四个阶段，即引弧过程→电弧过程→电渣过程→顶压过程。在这之中，电弧和电渣两个过程对焊接质量有着重要影响，故应根据待焊钢筋直径的大小，合理选择焊接参数。

（4）钢筋电阻点焊

钢筋焊接骨架或钢筋焊接网中交叉钢筋的焊接宜采用电阻点焊。钢筋焊接骨架和钢筋焊接网在焊接生产中，当两根钢筋直径不同时，焊接骨架较小钢筋直径不大于10mm时，大、小钢筋直径之比不宜大于3倍；当较小钢筋直径为12~16mm时，大、小钢筋直径之比不宜大于2倍。焊接网较小钢筋直径不得小于较大钢筋直径的60%。所用的点焊机有单点点焊机（用以焊接较粗的钢筋）、多头点焊机（用以焊钢筋网）和悬挂式点焊机（可焊平面尺寸大的骨架或钢筋网）。现场还可采用手提式点焊机。

点焊时，将已除锈污的钢筋交叉点放入点焊机的两电极间，使钢筋通电发热至一定温度后，加压使焊点金属焊牢。焊点应有一定程度的压入深度，压入深度为较小钢筋直径的18%~25%。

（5）钢筋气压焊

钢筋气压焊是采用一定比例的氧气和乙炔焰为热源，对需要连接的两钢筋端部接缝处进行加热，使其达到热塑状态，同时对钢筋施加30~40MPa的顶压力，使钢筋顶焊在一起。该焊接方法使钢筋在还原气体的妥善保护下，发生塑性流变后相互紧密接触，促使端面金属晶体相互扩散渗透，再结晶、再排列，形成牢固的焊接接头。这种方法设备投资少、施工安全、节约钢材和电能，不仅适用于竖向钢筋的连接，也适用于各种方向布置的钢筋连接。适用范围：直径为14~40mm的HPB300级、HRB335级和HRB400级钢筋（25MnSi除外）；当不同直径钢筋焊接时，两钢筋直径差不得大于7mm。

3. 钢筋机械连接

钢筋机械连接是通过连接件的机械咬合作用或钢筋端面的承压作用，将一根钢筋中的力传递至另一根钢筋的连接方法。其具有施工简便，工艺性能良好，接头质量可靠，不受钢筋焊接性的制约，可全天候施工，节约钢材和能源等优点。常用的机械连接有套筒挤压连接、锥螺纹套筒连接等。

（1）钢筋套筒挤压连接

钢筋套筒挤压连接是将需要连接的带肋钢筋插于特制的钢内，利用挤压机压编，使其产生塑性变形。靠变形后的钢套筒与带肋钢筋之间的紧密咬合，来实现钢筋的连接。适用于直径为 16~40mm 的热轧 HRB335 级、HRB400 级带肋钢筋的连接。

钢筋挤压连接，可分为钢筋径向挤压连接和钢筋轴向挤压连接两种形式。

1）钢筋径向挤压连接。钢筋径向挤压连接是采用挤压机沿径向（即与轴线垂直方向）将钢挤压产生塑性变形，使其紧密地咬住带肋钢筋的横肋，实现两根钢筋的连接。当不同直径的带肋钢筋采用挤压接头连接时，若是两端外径和壁厚相同，被连接钢筋的直径相差不应大于 5mm。挤压连接工艺流程：钢筋检验→钢筋断料，刻划钢筋套入长度定出标记→套筒套入钢筋→安装挤压机→开动液压泵，逐渐加压至接头成型→卸下挤压机→接头外形检查。

2）钢筋轴向挤压连接。钢筋轴向挤压连接，是采用挤压机和压模对钢及插入的两根对接钢筋，沿其轴向方向进行挤压，使得咬合到带肋钢筋的肋间，从而使其结合成一体。

（2）钢筋锥螺纹套筒连接

钢筋锥螺纹套筒连接是利用锥形螺纹能承受轴向力和水平力以及密封性能较好的原理，依靠机械力将钢筋连接在一起。操作时，先用专用套丝机将钢筋的待连接端加工成锥形外螺纹；然后，通过带锥形内螺纹的钢将两根待接钢筋连接；最后，利用力矩扳手按规定的力矩值，使钢筋和连接钢拧紧在一起。

钢筋锥螺纹套筒连接工艺简便，能在施工现场连接直径为 16~40mm 的热轧 HRB335 级、HRB400 级同径或异径的竖向或水平钢筋，且不受钢筋是否带肋和含碳量的限制。适用于按一、二级抗震等级设施的工业和民用建筑钢筋混凝土结构的热轧 HRB335 级、HRB400 级钢筋的连接施工，但不得用于预应力钢筋的连接。对于直接承受动荷载的结构构件，其接头还应满足抗疲劳性能等设计要求。锥螺纹连接的材料宜采用 45 号优质碳素结构钢或其他经试验确认符合要求的钢材制成，其抗拉承载力不应小于被连接钢筋受拉承载力标准值的 1.1 倍。

1）钢筋锥螺纹的加工要求：

①钢筋应先调直再下料。钢筋下料可用钢筋切断机或砂轮锯，但不得用气制下料。下料时，要求切口端面与钢筋轴线垂直，端头不得挠曲成出现马蹄形。

②加工好的钢筋锥螺纹丝头的锥度、牙形、螺距等必须要与连接套的锥度、牙形、螺距一致，并应进行严格的质量检验。检验内容包括锥螺纹丝头牙形检验和锥螺纹丝头锥度与小端直。

③加工工艺：下料→套丝→用牙形规和卡规（或环规）逐个检查钢筋套丝质量→质量合格的丝头用塑料保护帽盖封，待查待用。

④钢筋经检验合格后，方可在套丝机上加工锥螺纹。为了确保钢筋的套丝质量，操作人员必须遵守持证上岗制度。操作前应先调整好定位尺，并按钢筋规格配置相对应的加工导向套。对于大直径钢筋，要分次加工到规定的尺寸，来保证螺纹的精度和避免损坏梳刀。

⑤钢筋套丝时，必须采用水溶性切削冷却润滑液。当气温低于0℃时，应掺入15%~20%亚硝酸钠，不得采用机油做冷却润滑液。

2）钢筋连接。连接钢筋之前，先回收钢筋待连接端的保护帽和连接套上的密封盖，并检查钢筋规格是否与连接套规格相同，检查锥螺纹丝头是否完好无损，有无杂质。

连接钢筋时，应先把已拧好连接套的一端钢筋对正轴线拧到被连接的钢筋上，然后用力矩扳手按规定的力矩值把钢筋接头拧紧，不得超拧，防止损坏接头丝扣。拧紧后的接头应画上油漆标记，来有效防止存在钢筋接头漏拧。

拧紧时要拧到规定扭矩值，待测力扳手发出指示响声时，才认为达到了规定的扭矩值。锥螺纹接头拧紧扭矩值见表3-2，但不得加长扳手杆来拧紧。质量检验与施工安装使用的力矩板手应分开使用，不得混用。

表3-2　锥螺纹接头拧紧扭矩值

钢筋直径/mm	≤16	18~20	22~25	28~32	36~40	50
拧紧力矩/（N·m）	100	180	240	300	350	450

在构件受拉区段内，同一截面连接接头数量不宜超过钢筋总数的50%；受压区不受限制。连接头的错开间距应大于500mm，保护层不得小于15mm，钢筋间净距应大于50mm。在正式安装前，要取三个试件进行基本性能试验。当有一个试件不合格，应取双倍试件进行试验；如果仍然有一个不合格，则该批加工的接头为不合格，严禁在工程中使用。

对连接套应有出厂合格证及质保书。每批接头的基本试验应有试验报告。连接套与钢筋应配套一致且有钢印标记。

安装完毕后，质量检测员应用自用的专用测力扳手对拧紧的力矩值加以抽检。

六、钢筋配料与代换

1. 钢筋配料

钢筋配料是根据构件配筋图计算构件各钢筋的直线下料长度、总根数及钢筋总质量，然后编制钢筋配料单，作为备料加工的重要依据。

设计图中注明的钢筋尺寸（不包括弯钩尺寸）是钢筋的外轮廓尺寸，称为钢筋的外包尺寸。外包尺寸的大小根据构件尺寸，钢筋形状及保护层厚度确定。

下料长度计算是配料计算中的关键。由于结构受力的要求，许多钢筋需在中间弯曲和两端弯成弯钩。钢筋弯曲时，其外壁伸长，内壁缩短，而中心线长度并不改变。但是，简图尺寸或设计图中注明的尺寸要根据外包尺寸计算，且不包括端头弯钩长度。显然，外包尺寸大于中心线长度，它们之间存在一个差值，称为"量度差值"。

2. 钢筋的代换

在施工过程中，当供应的钢筋品种或规格与设计图纸要求不符时，可以进行代换。但代换时，必须充分了解设计意图和代换钢材的性能，严格遵守规范的各项规定。对抗裂性要求较高的构件，不宜用光圆钢筋代换带肋钢筋；钢筋代换时，不宜改变构件中的有效高度。

当钢筋的品种、级别或规格需作变更时，应办理设计变更文件。当需要代换时，必须征得设计单位同意，并应符合下列五个要求：

1）不同种类钢筋的代换，应按钢筋受拉承载力设计值相等的原则进行。代换后应满足《混凝土结构设计规范（2015年版）》（GB 50010—2010）中有关间距、锚固长度、最小钢筋直径、根数等的要求。

2）对有抗震要求的框架钢筋需代换时，应符合第11条的规定，不宜以强度等级较高的钢筋代替原设计中的钢筋；对重要受力结构，不宜用HPB300级钢筋代换带肋钢筋。

3）当构件受抗裂、裂缝宽度或挠度控制时，钢筋代换时应重新进行验算；梁的纵向受力钢筋与弯起钢筋应分别进行代换。

代换后的钢筋用量不宜大于原设计用量的5%，也不宜低于2%，且应满足规范规定的最小钢筋直径、根数、钢筋间距、锚固长度等要求。

第四节　混凝土工程

混凝土工程施工包括配料、搅拌、运输、浇筑、振捣和养护等施工过程，其中的任一过程施工不当，都会影响到混凝土的质量。混凝土施工不但要保证构件有设计要求的外形，而且要获得要求的强度、良好的密实性和整体性。

一、混凝土配料

结构工程中所用的混凝土是以胶凝材料、粗细集料、水，按照一定配合比拌和而成的混合材料。另外，根据需要，还要向混凝土中掺加外加剂和外掺合料，以改善混凝土的某些性能。因此，混凝土的原材料除胶凝材料、粗细集料、水外，还有外加剂、外掺合料（常用的有粉煤灰、硅粉、磨细矿渣等）。

1.混凝土配制强度的确定

在混凝土的施工配料时，除应保证结构设计对混凝土强度等级的要求外，还应保证施工对混凝土和易性的要求，并应遵循合理使用材料、节约胶凝材料的原则，在必要时还应该满足抗冻性、抗渗性等的要求。

2.混凝土施工配合比及施工配料

混凝土的配合比是在试验室根据混凝土的配制强度经过试配和调整而确定的，称为试验室配合比。试验室配合比所用的粗、细集料都是不含水分的。而施工现场的粗、细集料都有一定的含水率，且含水率的大小随温度等条件不断变化。为保证混凝土的质量，施工中应按粗、细集料的实际含水率对原配合比进行调整。混凝土施工配合比是指根据施工现场集料含水情况，对以干燥集料为基准的"设计配合比"进行修正后得出的配合比。

施工配合比确定以后，就需对材料进行称量，称量是否准确直接影响混凝土的强度。为严格控制混凝土的配合比，搅拌混凝土时应根据计算出的各组成材料的一次投料量，采用质量准确投料。其质量偏差不得超过以下规定：胶凝材料、外掺混合材料为 ±2%；粗、细集料为 ±3%；水、外加剂溶液为 ±2%。各种衡量器应定期校验，经常保持准确。集料含水量应经常测定。雨天施工时，应增加测定次数。

二、混凝土搅拌

混凝土搅拌过程就是将水、胶凝材料和粗细集料进行均匀拌和及混合的过程。通过搅拌，使材料达到塑化、强化的作用。

1. 搅拌方法

混凝土搅拌方法有人工搅拌和机械搅拌两种。

（1）人工搅拌

人工搅拌一般采用"三干三湿"法，即先将水泥加入砂中干拌 2 遍，再加入石子翻拌 1 遍，搅拌均匀后，边缓慢加水，边反复湿拌 3 遍，以达到石子与水泥浆无分离现象为准。在同等条件下，人工搅拌要比机械搅拌多耗 10%~15% 的水泥且拌和质量差，只有在混凝土用量不大且又缺乏机械设备时采用。

（2）机械搅拌

目前普遍使用的搅拌机，根据其搅拌机理可分为自落式搅拌机和强制式搅拌机两大类。

1）自落式搅拌机。其搅拌鼓筒内壁装有叶片，随着鼓筒的转动，叶片不断将混凝土拌合料提高，然后利用物料的重量自由下落，达到均匀拌和的目的。自落式搅拌机简体和叶片磨损程度较小，易于清理，但搅拌力小、动力消耗大、效率低，主要用于搅拌流动性和低流动性混凝土。

2）强制式搅拌机。强制式搅拌机是利用搅拌筒内运动着的叶片强迫物料朝着各个方向运动，由于各物料颗粒的运动方向、速度各不相同，相互之间产生剪切滑移而相互穿插、扩散，从而在很短的时间内使物料拌和均匀，其搅拌机理被称为剪切搅拌机理。

强制式搅拌机具有搅拌质量好、速度快，生产效率高及操作简便、安全等优点，但机件磨损比较严重，强制搅拌机适用于搅拌干硬性或低流动性混凝土和轻集料混凝土。

2. 搅拌制度

为了获得均匀、优质的混凝土拌合物，除合理选择搅拌机的型号外，还必须要准确地确定搅拌制度，包括搅拌时间、进料容量及投料顺序。

（1）搅拌时间

搅拌时间是指从全部材料投入搅拌筒中起，到开始卸料为止所经历的时间。它与搅拌质量密切相关：搅拌时间过短，混凝土不均匀，强度及和易性将下降；搅拌时间过长，不但降低搅拌的生产效率，同时会使不坚硬的粗集料在大容量搅拌机中因脱角、破碎等而影响混凝土的质量。对于加气混凝土，也会因搅拌时间过长而使所含气泡减少。

（2）进料容量

进料容量是将搅拌前各种材料的体积累积起来的容量，又称为干料容量，进料容量为出料容量的 1.4~1.8 倍（通常取 1.5 倍）。如进料容量超过规定容量的 10% 以上，就会使材料在搅拌筒内没有充分的空间进行掺和，影响混凝土拌合物的均匀性；与之相反，如装料过少，则又不能充分发挥出搅拌机的实际效能。

（3）投料顺序

在确定混凝土各种原材料的投料顺序时，应考虑如何保证混凝土的搅拌质量，减少机械磨损和水泥飞扬，减少混凝土的粘罐现象，降低能耗和提高劳动生产率等。目前，采用的投料顺序有一次投料法和二次投料法。

1）一次投料法。这是目前广泛使用的一种方法，也就是将砂、石、水泥依次放入料斗后，再和水一起进入搅拌筒进行搅拌。这种方法工艺简单、操作方便。当采用自落式搅拌机搅拌时，常用的加料顺序是先倒石子，再加水泥，最后加砂。这种投料顺序的优点是水泥位于砂石之间，进入拌筒时可减少水泥飞扬。与此同时，砂和水泥先进入拌筒形成砂浆，可缩短包裹石子的时间，也避免了水向石子表面聚集产生的不良影响，可提高搅拌质量。

2）二次投料法。二次投料法又可分为预拌水泥砂浆法和预拌水泥净浆法。

①预拌水泥砂浆法是指先将水泥、砂和水投入搅拌筒搅拌 1~1.5min 后，加入石子再搅拌 1~1.5min。

②预拌水泥净浆法是先将水和水泥投入搅拌筒搅拌 1/2 搅拌时间，再加入砂石搅拌到规定时间。

由于预拌水泥砂浆或水泥净浆对水泥有一种活化作用，因而搅拌质量明显高于一次投料法。若是水泥用量不变，混凝土强度可提高 15% 左右；或在混凝土强度相同的情况下，可减少水泥用量 15%~20%。

当采用强制式搅拌机搅拌轻集料混凝土时，若轻集料在搅拌前已经预湿，则合理的加料顺序应是：先加粗、细集料和水泥搅拌 30s，再加水继续搅拌到规定时间；若在搅拌前轻集料未经预湿，则合理的加料顺序是：先加粗、细集料和总用水量的 1/2 搅拌 60s 后，再加水泥和剩余 1/2 总用水量搅拌到规定时间。

三、混凝土运输

混凝土运输过程中应保持其均匀性，避免产生分层离析现象；混凝土运至浇筑地点，应符合浇筑时所规定的坍落度；运输工作应保证混凝土浇筑工作连续进行；运送混凝土的容器应严密，其内壁应平整、光洁，不吸水、不漏浆，粘附的混凝土残渣应经常清除。

1. 运输时间

对于轻集料混凝土，其延续时间应适当缩短。

2. 运输工具的选择

混凝土的运输，可分为地面水平运输、垂直运输和楼面水平运输三种方式。

（1）地面水平运输。当采用商品混凝土或运距较远时,最好采用混凝土搅拌运输车，此类车在运输过程中搅拌筒可缓慢转动进行拌和，防止混凝土的离析。当距离过远时，可装入干料在到达浇筑现场前 15~20min 放入搅拌水，能边行走边进行搅拌。

如现场搅拌混凝土，可采用载重 1t 左右、容量为 400L 的小型机动翻斗车或手推车运输。当运距较远、运量又较大时，可采用皮带运输机或窄轨翻斗车。

（2）垂直运输。可采用塔式起重机、混凝土泵、快速提升斗和井架。

（3）楼面水平运输。多采用双轮手推车，塔式起重机也可兼顾楼面水平运输。如用混凝土泵，可以采用布料杆布料。

3. 搅拌运输车运送混凝土

混凝土搅拌运输车是一种用于长距离运送混凝土的高效能机械。它是将运送混凝土的搅拌筒安装在汽车底盘上，将混凝土搅拌站生产的混凝土拌合物装入搅拌筒内，直接运至施工现场的大型混凝土运输工具。

采用混凝土搅拌运输车应符合下列规定：

（1）混凝土必须能在最短的时间内均匀、无离析地排出，出料干净、方便，能满足施工的要求，当与混凝土泵联合运送时，其排料速度应相匹配。

（2）从搅拌运输车运卸的混凝土中分别取 1/4 和 3/4 处试样进行坍落度试验，两个试样的坍落度值之差不得超过 30mm。

（3）混凝土搅拌运输车在运送混凝土时搅动转速通常为 2~4r/min；整个运送过程中拌筒的总转数应控制在 300 转以内。

（4）若是采用干料由搅拌运输车途中加水自行搅拌，搅拌速度一般应为 6~18r/min；搅拌转数自混合料加水投入搅拌筒起直至搅拌结束，应持续控制在 70~100r/min。

（5）混凝土搅拌运输车因途中失水，到工地需加水调整混凝土的坍落度时，搅拌筒应以 6~8r/min 搅拌速度搅拌，并另外再转动至少 30r/min。

4.泵送混凝土

混凝土泵是通过输送管将混凝土送到浇筑地点的一种工具。其适用于以下工程：

（1）大体积混凝土。大体积混凝土包括大型基础、满堂基础、设备基础、机场跑道、水工建筑等。

（2）连续性强和浇筑效率要求高的混凝土。连续性强和浇筑效率要求高的混凝土包括高层建筑、贮罐、塔形构筑物、整体性强的结构等。

混凝土输送管道一般是用钢管制成的。管径通常有100mm、125mm和150mm三种，标准管管长3m，配套管有1m和2m两种，另配有90°、45°、30°、15°等不同角度的弯管，来提供管道转折处使用。

输送管的管径选择，主要根据混凝土集料的最大粒径以及管道的输送距离、输送高度和其他工程条件决定。

采用泵送混凝土应符合下列三个规定：

1）混凝土泵与输送管连通后，应按所用混凝土泵使用说明书的规定进行全面检查，符合要求后方能开机进行空运转。

2）混凝土泵启动后，应先泵送适量水以湿润混凝土泵的料斗、活塞及输送管内壁等直接与混凝土接触的部位。

3）确认混凝土泵和输送管中无异物后，应采取下列方法润滑混凝土泵和输送管内壁：

①泵送水泥砂浆。

②泵送1：2水泥砂浆。

③泵送与混凝土内除粗集料外的其他成分相同配合比的水泥砂浆。

④开始泵送时，混凝土泵应处于慢速、匀速并随时可反泵的状态。泵送速度应先慢后快，逐步加速，等待各系统运转顺利后，方可以正常速度进行泵送。

⑤混凝土泵送应连续进行。如必须中断时，其中断时间不得超过混凝土从搅拌至浇筑完毕所允许的延续时间。

⑥泵送混凝土时，活塞应保持最大行程运转。

⑦泵送完毕时，应将混凝土泵和输送管清洗干净。

四、混凝土浇筑与振捣

浇筑混凝土前，对模板及其支架、钢筋和预埋件必须进行检查，并做好相关记录。

符合设计要求后，清理模板内的杂物及钢筋上的油污，堵严缝隙和孔洞，方能浇筑混凝土。

1.混凝土的浇筑

（1）混凝土自高处倾落的自由高度不应超过 2m。

（2）在浇筑竖向结构混凝土前，应先在底部填以 50~100mm 厚与混凝土内砂浆成分相同的水泥砂浆；浇筑时不得发生离析现象；当浇筑高度超过 3m 时，应采用串筒、溜管或振动溜管，使混凝土下落。

（3）混凝土浇筑层的厚度应符合相关规定。

（4）在钢筋混凝土框架结构中，梁、板、柱等构件是沿垂直方向重复出现的，因此，一般按照结构层次来分层施工。平面上如果面积较大，还应考虑分段进行，以便混凝土、钢筋、模板等工序能相互配合、流水施工从而提高其效率。

（5）在每一施工层中，应先浇筑柱或墙。在每一施工段中的柱或墙应该连续浇筑到顶，每一排的柱子由外向内对称顺序进行，防止由一端向另一端推进，致使柱子模板逐渐受推倾斜。柱子浇筑完后，应停歇 1~2h，使混凝土获得初步沉实。待有了一定强度后，再浇筑梁板混凝土。梁和板应同时浇筑混凝土，只有当梁高在 1m 以上时，为了施工方便，才可以单独先行浇筑。

（6）浇筑混凝土应连续进行。当必须间歇时，其间歇时间宜缩短，并应在前层混凝土凝结前，将次层混凝土浇筑完毕。在浇筑与柱和墙连成整体的梁和板时，应在柱和墙浇筑完后停歇 1~1.5h，再继续浇筑，梁和板宜同时浇筑混凝土；拱和高度大于 1m 的梁等结构，可单独浇筑混凝土。在混凝土浇筑过程中，应频繁观察模板、支架、钢筋、预埋件和预留孔洞的具体情况。当发现有变形、移位时，应及时采取措施进行处理。

2.施工缝的留置

由于施工技术和施工组织上的原因，不能连续将结构整体浇筑完成，并且间歇的时间预计将超出规定的时间时，应预先选定适当的部位设置施工缝。

施工缝的位置应设置在结构受剪力较小且便于施工的部位。

（1）施工缝的处理。

1）所有水平施工缝应保持水平并做成毛面，垂直缝处应支模浇筑；施工缝处的钢筋均应留出，不得切断。为防止在混凝土或钢筋混凝土内产生沿构件纵轴线方向错动的剪力，柱、梁施工缝的表面应垂直于构件的轴线；板的施工缝应与其表面垂直；梁、板也可留企口缝，但企口缝不得留斜槎。

2）在施工缝处继续浇筑混凝土时，已浇筑的混凝土抗压强度应 ≥1.2N/mm²。首先，应清除硬化的混凝土表面上的水泥薄膜和松动石子以及软混凝土层，并加以充分湿润和冲洗干净，不积水；然后，在施工缝处铺一层水泥浆或与混凝土内成分相同的水泥砂浆；浇筑混凝土时应细致捣实，使新旧混凝土紧密结合。

3）承受动力作用的设备基础的施工缝，在水平施工缝上继续浇筑混凝土前，应对地脚螺栓进行一次观测校准；标高不同的两个水平施工缝，其高低结合处应留成台阶形，并且台阶的高宽比不得大于 1.0；垂直施工缝应加插钢筋，其直径为 12~16mm，长度为 500~600mm，间距为 500mm，在台阶式施工缝的垂直面上也应补插钢筋；施工缝的混凝土表面应凿毛，在继续浇筑混凝土前，应用水冲洗干净，湿润后在表面上抹 10~15mm 厚与混凝土内成分相同的一层水泥砂浆；继续浇筑混凝土时，该处应仔细捣实。

4）后浇缝宜做成平直缝或阶梯缝，钢筋不切断。后浇缝应在其两侧混凝土龄期达到 30~40d 后，将接缝处混凝土凿毛、洗净、湿润、刷水泥浆一层，再用强度不低于两侧混凝土的补偿收缩混凝土浇筑密实并养护 14d 以上。

（2）混凝土浇筑中常见的施工缝留设位置及方法有以下七点。

1）柱的施工缝留在基础的顶面、梁或吊车梁牛腿的下面或吊车梁的上面、无梁楼板柱帽的下面，在框架结构中（如梁的负筋弯入柱内）施工缝可留在这些钢筋的下端。

2）梁板、肋形楼板施工缝留置应符合下列要求：

①与板连成整体的大截面梁，留在板底面以下 20~30mm 处，当板下有梁托时，留在梁托下部，单向板可留置在平行于板的短边的任何位置（但为方便施工缝的处理，一般留在跨中 1/3 跨度范围内）。

②在主、次梁的肋形楼板，宜顺着次梁方向浇筑，施工缝底留置在次梁跨度中间 1/3 范围内无负弯矩钢筋与之相交叉的部位。

3）墙施工缝宜留置在门洞口过梁跨中 1/3 跨度范围内，也可留在纵横墙的交接处。

4）楼梯、圈梁施工缝留置应符合下列要求：

①楼梯施工缝留设在楼梯段跨中 1/3 跨度范围内无负弯矩筋的部位。

②圈梁施工缝留在非砖墙交接处、墙角、墙垛及门窗洞范围内。

5）箱形基础施工缝的留置。箱形基础的底板、顶板与外墙的水平施工缝设在底板顶面以上及顶板底面以下 300~500 mm 为宜，接缝宜设钢板、橡胶止水带或凸形企口缝；底板与内墙的施工缝可设在底板与内墙交接处；而顶板与内墙的施工缝，其位置应视剪力墙插筋的长短而定，一般在 1000mm 以内即可；箱形基础外墙垂直施工可设在离转角 1000mm 处，采取相对称的两块墙体一次浇筑施工，间隔 5~7d，等到收缩基本稳定后，再浇筑另一相对称墙体。内隔墙可在内墙与外墙交接处留设施工缝，一次浇筑完成，内墙本身一般不再留垂直施工缝。

6）地坑、水池施工缝的留置。底板与立壁施工缝，可留在立壁上距坑（池）底板混凝土面上部 200~500mm 的范围内，转角宜做成圆角或折线形；顶板与立壁施工缝留在板下部 20~30mm 处；大型水池可从底板、池壁到顶板在中部留设后浇带，使之形成环状。

7）大型设备基础施工缝应符合以下要求：

①受动力作用的设备基础互不相依的设备与机组之间、输送辊道与主基础之间可留垂直施工缝，但与地脚螺栓中心线间的距离不得小于 250mm，且不得小于螺栓直径的 5 倍。

②水平施工缝可停留在低于地脚螺栓底端，其与地脚螺栓底端的距离应大于 150mm；当地脚螺栓直径小于 30mm 时，水平施工缝可留置在不小于地脚螺栓埋入混凝土部分总长度的 3/4 处；水平施工缝也可留置在基础底板与上部块体或沟槽交界处。

③对受动力作用的重型设备基础不允许留设施工缝时，可在主基础与辅助设备基础、沟道、辊道之间受力较小部位留设后浇缝。

3. 混凝土的振捣

（1）每一振点的振捣延续时间，应使混凝土表面呈现浮浆且不再沉落。

（2）当采用插入式振动器时，捣实普通混凝土的移动间距，不宜大于振捣器作用半径的 1.5 倍。捣实轻集料混凝土的移动间距，不宜大于其作用半径；振捣器与模板的距离，不应大于其作用半径的 0.5 倍，并应避免碰撞钢筋、模板、预埋件等；振捣器插入下层混凝土内的深度不应小于 50 mm。一般每点振捣时间为 20~30s；使用高频振动器时，最短不应少于 10s，应使混凝土表面呈水平且以不再显著下沉、不再出现气泡、表面泛出灰浆为准。振动器插点要均匀排列，可采用"行列式"或"交错式"，不应混用，以免造成混乱而发生漏振。

（3）采用表面振动器时，在每一位置上应连续振动一定时间，正常情况下为 25~40s，但以混凝土面均匀出现浆液为准，移动时应成排依次振动前进，前后位置和排与排间应相互搭接 30~50mm，防止漏振。振动倾斜混凝土表面时，应由低处逐渐向高处移动，来保证混凝土振实。表面振动器的有效作用深度，在无筋及单筋平板中为 200mm，在双筋平板中约为 120mm。

（4）采用外部振动器时，振动时间和有效作用随结构形状、模板坚固程度、混凝土坍落度及振动器功率大小等各项因素而定，一般每隔 1~1.5m 的距离设置一个振动器。当混凝土呈水平面且不再出现气泡时，可停止振动，在必要时应通过试验确定振动时间。待混凝土入模后方可开动振动器，混凝土浇筑高度要高于振动器安装部位，当钢筋较密和构件断面较深较窄时，也可采取边浇筑边振动的方法。外部振动器的振动作用深度在 250mm 左右，如构件尺寸较厚时，需在构件两侧安设振动器同时进行振捣。

五、混凝土养护

混凝土浇筑捣实后，逐渐凝固硬化，这个过程主要由水泥的水化作用来实现，而水化作用必须在适当的温度和湿度条件下才能完成。因此，为了保证混凝土有适宜的硬化条件，使其强度不断增长，必须对混凝土进行全面养护。

混凝土浇筑后，如气候炎热、空气干燥，不及时进行养护，混凝土中的水分蒸发过快，易出现脱水现象，使已形成凝胶体的水泥颗粒不能充分水化，不能转化为稳定的结晶，缺乏足够的粘结力，从而会造成混凝土表面出现片状或粉状剥落，影响混凝土的强度。另外，在混凝土尚未具备足够的强度时，水分过早地蒸发，还会产生较大的变形，出现干缩裂缝，影响混凝土的整体性和耐久性。因此，混凝土养护绝不是一件可有可无的事，而是一个重要的环节，应严格按照规定要求进行。

混凝土养护方法分自然养护和蒸汽养护两种。

1. 自然养护

自然养护是指利用平均气温高于 5℃ 的自然条件，用保水材料或草帘等对混凝土加以覆盖后适当浇水，使混凝土在一定的时间内在湿润状态下实现硬化。

（1）开始养护时间。当最高气温低于 25℃ 时，混凝土浇筑完毕后应在 12h 以内开始养护；当最高气温高于 25℃ 时，应在 6h 以内开始养护。

（2）养护天数。浇水养护时间的长短视水泥品种而定，硅酸盐水泥、普通硅酸盐水泥和矿渣硅酸盐水泥拌制的混凝土，不得少于 7d；火山灰质硅酸盐水泥和粉煤灰硅酸盐水泥拌制的混凝土或有抗渗性要求的混凝土，不得少于 14d。混凝土必须养护至其强度达到 1.2MPa 以后，方准在其上踩踏和安装模板及支架。

（3）浇水次数。应使混凝土保持适当的湿润状态。养护初期，水泥的水化反应较快，需水也较多，所以要特别注意在浇筑以后头几天的养护工作。另外，在气温高、湿度低时，也应增加洒水的次数。

（4）喷洒塑料薄膜养护。将过氯乙烯树脂塑料溶液用喷枪洒在混凝土表面，溶液挥发后在混凝土表面形成一层塑料薄膜，使混凝土与空气隔绝，阻止水分的蒸发，来保证水化作用的正常进行。所选薄膜在养护完成后，能自行老化脱落，在构件表面喷洒塑料薄膜来养护混凝土，适用于不易洒水养护的高耸构筑物和大而积混凝土结构。

2. 蒸汽养护

蒸汽养护就是将构件放置在有饱和蒸汽或蒸汽空气混合物的养护室内，在较高的温度和相对湿度的环境中进行养护，以加速混凝土的硬化，使混凝土在较短的时间内达到规定的强度标准值。蒸汽养护过程分为静停、升温、恒温、降温四个阶段。

（1）静停阶段。混凝土构件成型后在室温下停放养护，时间为2~6h，以防止构件表面产生裂缝和疏松现象。

（2）升温阶段。此阶段是构件的吸热阶段。升温速度不宜过快，来避免构件表面和内部产生过大温差而出现裂纹。对于薄壁构件（如多孔楼板等），每小时不得超过25℃；其他构件不得超过20℃；用干硬性混凝土制作的构件，不得超过40℃。

（3）恒温阶段。此阶段是升温后温度保持不变的时间。此时强度增长最快，这个阶段应保持90%~100%的相对湿度；最高温度不得大于95℃，时间为3~5h。

（4）降温阶段。此阶段是构件散热过程。降温速度不宜过快，每小时不得超过10℃，出池后，构件表面与外界温差不得大于20℃。

六、钢筋安装

1.钢筋制作前的准备工作

钢筋网片、骨架制作成型的正确与否，直接影响到结构构件的受力性能，因此，必须重视并妥善组织这一技术工作。

（1）熟悉施工图纸。学习施工图纸时，要明确各个单根钢筋的形状及各个细部的尺寸，确定各类结构的绑扎程序。如发现图纸中有错误或不当之处，应及时与工程设计部门联系，协同解决。

（2）核对钢筋配料单及料牌。学习施工图纸的同时，应核对钢筋配料单和料牌，再根据配料单和料牌核对钢筋半成品的钢号、形状、直径和规格、数量是否正确，有无错配、漏配及变形。如发现问题，应及时进行整修增补。

（3）工具、附件的准备。绑扎钢筋用的工具和附件主要有扳手、钢丝、小撬棒、马架、画线尺等，还要准备水泥砂浆垫块或塑料卡等保证保护层厚度的附件，以及钢筋撑脚或混凝土撑脚等保护钢筋网片位置正确的附件等。

（4）画钢筋位置线。平板或墙板的钢筋，在模板上画线；柱的箍筋，在两根对角线主筋上画点；梁的箍筋，在架立筋上画点；基础的钢筋，在两方向各取一根钢筋上画点或在固定架上画线。钢筋接头的画线，应根据到料规格，结合相关规范对有关接头位置、数量的规定，使其错开并在模板上画线。

（5）研究钢筋安装顺序，确定施工方法。在熟悉施工图纸的基础上，要仔细研究钢筋安装的顺序，特别是在比较复杂的钢筋安装工程中，应先确定每根钢筋穿插就位的顺序，并结合现场实际情况和技术工人的水平，来减少绑扎困难。

2. 钢筋的现场绑扎安装

（1）钢筋绑扎应熟悉施工图纸，核对成品钢筋的级别、直径、形状、尺寸和数量，核对配料表和料牌。如有出入，应予以纠正或增补。与此同时，准备好绑扎用钢丝、绑扎工具、绑扎架等。

（2）钢筋应绑扎牢固，防止钢筋移位。

（3）对形状复杂的结构部位，应研究好钢筋穿插就位的顺序及与模板等其他专业配合的先后次序。

（4）基础底板、楼板和墙的钢筋网绑扎，除了靠近外围两行钢筋的相交点全部绑扎以外，中间部分交叉点可间隔交错扎牢；双向受力的钢筋则需全部扎牢。相邻绑扎点的钢丝扣要呈八字形，以免网片歪斜变形。钢筋绑扎接头的钢筋搭接处，应在中心和两端用钢丝扎牢。

（5）结构采用双排钢筋网时，上、下两排钢筋网之间应设置钢筋撑脚或混凝土支柱（墩），每隔 1m 放置一个，墙壁钢筋网之间应绑扎 φ6~φ10 钢筋制成的撑钩，间距约为 1.0m，相互错开排列；大型基础底板或设备基础，应用 φ16~φ25 钢筋或型钢焊成的支架来支撑上层钢筋，支架间距为 0.8~1.5m；梁、板纵向受力钢筋采取双层排列时，两排钢筋之间应垫以 φ25 以上的短钢筋，以保证间距正确。

（6）梁、柱箍筋应与受力筋垂直设置，箍筋弯钩叠合处应沿受力钢筋方向张开设置，箍筋转角与受力钢筋的交叉点均应扎牢；箍筋平直部分与纵向交叉点可间隔扎牢，以防止骨架歪斜。

（7）板、次梁与主筋交叉处，板的钢筋在上，次梁的钢筋居中，主梁的钢筋在下：当有圈梁或垫梁时，主梁的钢筋应放在圈梁上，受力筋两端的搁置长度应保持均匀一致。框架梁牛腿及柱帽等钢筋，应放在柱的纵向受力钢筋内侧，同时要注意梁顶面受力筋间的净距要有 30mm，以利于浇筑混凝土。

（8）预制柱、梁、屋架等构件常采取底模上就地绑扎，此时应先排好箍筋，再穿入受力筋；然后，绑扎牛腿和节点部位钢筋，以降低绑扎的困难性和复杂性。

3. 绑扎钢筋网与钢筋骨架安装

（1）钢筋网与钢筋骨架的分段（块），应根据结构配筋特点及起重运输能力而定。一般钢筋网的分块面积以 6~20m2 为宜，钢筋骨架的分段长度以 6~12m 为宜。

（2）为防止钢筋网与钢筋骨架在运输和安装过程中发生歪斜变形，应采取临时加固措施。

（3）钢筋网与钢筋骨架的吊点，应根据其尺寸、质量及刚度而定。宽度大于 1m

的水平钢筋网宜采用四点起吊，跨度小于 6m 的钢筋骨架宜采用两点起吊，跨度大、刚度差的钢筋骨架宜采用横吊梁（铁扁担）四点起吊。为了防止吊点处钢筋受力变形，可采取兜底吊或加短钢筋措施。

（4）焊接网和焊接骨架沿受力钢筋方向的搭接接头，宜位于构件受力较小的部位，如承受均布荷载的简支受弯构件，焊接网受力钢筋接头宜放置在跨度两端各 1/4 跨长范围内。

（5）受力钢筋直径 ≥16mm 时，焊接网沿分布钢筋方向的接头宜辅以附加钢筋网，其每边的搭接长度为 15d（d 为分布钢筋直径），但不小于 100mm。

4. 焊接钢筋骨架和焊接网安装

（1）焊接钢筋骨架和焊接网的搭接接头，不宜位于构件的最大弯矩处，焊接网在非受力方向的搭接长度宜为 100mm，受拉焊接骨架和焊接网在受力钢筋方向的搭接长度应符合设计规定：受压焊接骨架和焊接网在受力钢筋方向的搭接长度，可取受拉焊接骨架和焊接网在受力钢筋方向的搭接长度的 0.7 倍。

（2）在梁中，焊接骨架的搭接长度内应配置箍筋或短的槽形焊接网。箍筋或网中的横向钢筋间距不得大于 5d，在轴心受压或偏心受压构件中的搭接长度内，箍筋或横向钢筋的间距不得大于 10d。

（3）在构件宽度内有若干焊接网或焊接骨架时，其接头位置应错开。在同一截面内搭接的受力钢筋的总截面面积不得超过受力钢筋总截面面积的 50%，在轴心受拉及小偏心受拉构件（板和墙除外）中，不得采用搭接接头。

（4）焊接网在非受力方向的搭接长度宜为 100mm。当受力钢筋直径 ≥16mm 时，焊接网沿分布钢筋方向的接头宜辅以附加钢筋网，其每边的搭接长度为 15d。

第五节　混凝土结构工程冬期施工

根据当地多年气温资料，室外日平均气温连续 5d 稳定低于 5℃时，混凝土结构工程应按冬期施工要求组织施工。冬期施工时，气温低，水泥水化作用减弱，新浇混凝土强度增长明显地延缓，当温度降至 0℃以下时，水泥水化作用基本停止，混凝土强度也停止增长。特别是温度降至混凝土冰点温度以下时，混凝土中的游离水开始结冰，结冰后的水体积膨胀约 9%。在混凝土内部产生冰胀应力，致使结构强度得到降低。受到冻的混凝土在解冻后，其强度虽能继续增长，但已不能达到原设计的强度等级。试验证明，混凝土的早期冻害是由于内部析水结冰所致。混凝土在浇筑后立即受冻，抗压强度约损失 50%，抗拉强度约损失 40%。试验证明，混凝土遭受冻结带来的危害与遭冻的时间早晚、水胶比、水泥强度等级、养护温度等有关。

冬期浇筑的混凝土在受冻以前必须达到的最低强度，称为混凝土受冻临界强度。在受冻前，不同的混凝土受冻临界强度应达到如下标准：硅酸盐水泥或普通硅酸盐水泥配制的混凝土不得低于其设计强度标准的 30%；矿渣硅酸盐水泥配制的混凝土不得低于其设计强度标准值的 40%；C10 及以下的混凝土不得低于 $5.0N/mm^2$；掺防冻剂的混凝土，温度降低到防冻剂规定温度以下时，混凝土的强度不得低于 $3.5N/mm^2$。

一、混凝土冬期施工的一般规定

一般情况下，混凝土冬期施工要求在常温下浇筑、养护，使混凝土强度在冰冻前达到受冻临界强度，在冬期施工时对原材料和施工过程均要求有必要的措施，来保证混凝土的施工质量。

1. 对材料的要求及加热

（1）冬期施工中配制混凝土用的水泥，应优先选用活性高、水化热大的硅酸盐水泥和普通硅酸盐水泥，水泥的强度等级不应低于 42.5R 级，最小水泥用量不宜少于 $300kg/m^2$，水胶比不应大于 0.6。使用矿渣硅酸盐水泥时，宜采用蒸汽养护；使用其他品种水泥，应格外注意其中掺和材料对混凝土抗冻抗渗等性能所造成的影响。冷混凝土法施工宜优先选用含引气成分的外加剂，含气量宜控制在 2%~4%。掺用防冻剂的混凝土，严禁使用高铝水泥。

（2）混凝土所用集料必须清洁，不得含有冰、雪等冰结物及易冻裂的矿物质。冬期集料所用储备场地应选择地势较高、不积水的地方。

（3）冬期施工对组成混凝土材料的加热，应优先考虑加热水，因为水的热容量大，加热方便。当水、集料达到规定温度仍不能满足热工计算要求时，可提高水温到100℃，但水泥不得与80℃以上的水直接接触。水的常用加热方法有三种，即用锅烧水、用蒸汽加热水和用电极加热水。水泥不得直接加热，使用前宜运入暖棚存放。

冬期施工拌制混凝土的砂、石温度要符合热工计算需要温度。集料加热的方法有：将集料放在底下加温的铁板上面直接加热，或者通过蒸汽管、电热线加热等。但不得用火焰直接加热集料，并应控制加热温度。加热的方法可因地制宜，以蒸汽加热法为宜，其优点是加热温度均匀，热效率高。缺点是集料中的含水量增加。

（4）钢筋冷拉可在负温下进行，但冷拉温度不宜低于 -20℃。当采用控制应力方法时，冷拉控制应力较常温下提高 $30N/mm^2$；当采用冷拉率控制方法时，冷拉率与常温时相同。钢筋的焊接宜在室内进行。如必须在室外焊接，最低气温不低于 -20℃，具有防雪和防风措施。钢焊接的接头严禁立即碰到冰雪，避免造成冷脆现象。

（5）冬期浇筑的混凝土，宜使用无氯盐类防冻剂，对抗冻性要求高的混凝土，宜使用引气剂或引气减水剂。

2.混凝土的搅拌、运输和浇筑

（1）混凝土的搅拌。混凝土不宜露天搅拌，应尽量搭设暖棚，优先选用大容量的搅拌机，以减少混凝土的热损失。混凝土搅拌时间应根据各种材料的温度情况，考虑相互间的热平衡过程,可通过试拌确定延长的时间,通常为常温搅拌时间的1.25~1.5倍,拌制混凝土的最短时间应符合规定。搅拌混凝土时，集料中不得带有冰、雪及冻土。

拌制掺用防冻剂的混凝土，当防冻剂为粉剂时，可以按照要求掺量直接撒在水泥上面，和水泥同时投入，当防冻剂为液体时，应先配制成规定浓度溶液，然后再根据使用要求，用规定浓度溶液再配制成施工溶液。各溶液应分别置于明显标志的容器内，不得混淆，每班使用的外加剂溶液应一次配成。

配制与加入防冻剂，应设专人负责并做好记录，严格按剂量要求掺入。混凝土拌合物的出机温度不宜低于10℃。

（2）混凝土的运输。混凝土的运输过程是热损失的关键阶段，应采取必要的措施减少混凝土的热损失，同时应保证混凝土的和易性。常用的主要措施为减少运输时间和距离，使用大容积的运输工具并采取必要的保温措施，保证混凝土入模温度不低于5℃。

（3）混凝土的浇筑。混凝土在浇筑前，应清除地基、模板和钢筋上的冰雪和污垢，并应进行覆盖保温。尽量加快混凝土的浇筑速度，防止热量散失过多。当采用加热养护时，混凝土养护前的温度不得低于2℃。冬期不得在强冻胀性地基土上浇筑混凝土。当在弱冻胀性地基土上浇筑混凝土时，地基土应进行保温，以免遭冻。对加热养护的现浇混凝土结构，混凝土的浇筑程序和施工缝的位置，应能防止在加热养护时产生较大的温度应力。当分层浇筑厚大整体结构时，已浇筑层的混凝土温度，在被上一层混凝土覆盖前，不得低于按热工计算的温度，且不得低于2℃。

冬期施工混凝土振捣应用机械振捣，振捣时间应比常温时有所增加。

二、混凝土冬期施工方法

混凝土冬期施工主要有蓄热法、蒸汽加热法、电热法、暖棚法和掺外加剂法等。但无论是采取什么方法，均应保证混凝土在冻结以前，至少应达到临界强度。

1. 蓄热法

蓄热法就是将具有一定温度的混凝土浇筑完后，在其表面用草帘、锯末、炉渣等保温材料加以覆盖。避免混凝土的热量和水泥的水化热散失太快，保证混凝土在冻结前达到所要求强度的一种冬期施工方法。

蓄热法适用于室外最低气温不低于 -15℃时，地面以下的工程或表面系数不大于 5（结构冷却的表面积与其全部体积的比值）的结构混凝土的冬期养护。如选用适当的保温材料，采用快硬早强水泥，在混凝土外部进行早期短时加热和采取掺入早强型外加剂等措施，则可进一步扩大蓄热法的应用范围，这是混凝土冬期施工较经济、简单而有效的方法。

2. 蒸汽加热法

蒸汽加热法就是利用蒸汽使混凝土保持一定的温度和湿度，以加速混凝土硬化。蒸汽加热法除预制厂用的蒸汽养护窑外，在现浇结构中还有汽套法、毛管法和构件内部通汽法等。

（1）汽套法，是在构件模板外再加设密封的套板模，模板与套板间的空隙不宜超过 150mm，在套板内通入蒸汽加热养护混凝土。汽套法加热均匀，但设备繁杂、费用大，只有在特殊条件下用于养护梁、板等水平构件。

（2）毛管法，即在模板内侧做成凹槽，凹槽上盖以钢板，在凹槽内通入蒸汽进行加热。毛管法用汽少、加热均匀，适用于养护柱、墙等垂直结构。另外，也有在大模板的背面装设蒸汽管道，再用薄钢板封闭，适当加以保温的做法，用于大模板工程冬期施工。

（3）构件内部通汽法，是在浇筑构件时先预留孔道，再将蒸汽送入孔道内加热混凝土，等到混凝土达到要求的强度后，随即用砂浆或细石混凝土灌入孔道内加以封闭。

采用蒸汽加热的混凝土，宜选用矿渣水泥及火山灰质水泥，严禁使用矾土水泥。普通水泥的加热温度不得超过 80℃；矿渣水泥与火山灰质水泥的加热温度可提高到 85℃~95℃，湿度必须保持 90%~95%。为了避免温差过大，防止混凝土产生裂缝，应严格控制混凝土的升温速度与降温速度：当表面系数 M≥6 时，每小时升温不大于 15%，降温不大于 10℃；当表面系数 M<6 时，每小时升温不大于 10℃，降温不大于 5℃ 模板和保温层，应在混凝土冷却到 5℃后方可拆除。当混凝土与外界的温差大于 20℃时，拆模后的混凝土表面还应用保温材料临时覆盖，使其缓慢冷却。并没有完全冷却的混凝土有较高的脆性，避免承受冲击或动荷载，以防止发生开裂。

3. 电热法

电热法是利用电流通过不良导体混凝土或电阻丝所发出的热量来养护混凝土。电热法主要分为电极法和电热器法两类。

（1）电极法。电极法即在新浇筑的混凝土中，每隔一定间距（200~400mm）插入电极（中 φ6~φ12短钢筋），接通电源，利用混凝土本身的电阻变电能为热能。电热时，要防止电极与钢筋接触而引起短路。对于较薄的构件，也可将薄钢板固定在模板内侧作为电极。

（2）电热器法。电热器法是利用电流通过电阻丝产生的热量进行加热养护。根据需要，将电热器制成板状，用以加热现浇楼板；也可将电热器制成针状，用以加热装配整体式的框架接点；对于用大模板施工的现浇墙板，则可用电热模板（大模板背面装电阻丝形成热夹具层，其外用薄钢板包矿渣棉封严）加热等。

电热应采用交流电（因直流电会使混凝土内水分分解），电压为50~110V，以免产生强烈的局部过热和混凝土脱水现象。只有在无筋或少筋结构当中，才允许采用电压为120~220V的交流电加热。电热应该在混凝土表面覆盖后进行。电热过程当中，应注意观察混凝土外露表面的温度。当表面开始干燥时，应先断电并浇温水湿润混凝土表面。当混凝土强度达到50%时，即可停止电热。

电热法设备简单、施工方便有效，但耗电量大、费用高。应慎重选用并注意施工安全。

4. 暖棚法

暖棚法是在混凝土浇筑地点用保温材料搭设暖棚，在棚内采暖，使温度升高，可使混凝养护如同在常温中一样。

采用暖棚法养护时，棚内温度不得低于5℃并应保持混凝土表面湿润。

5. 掺外加剂法

根据不同性能的外加剂，可以起到抗冻、早强、促凝、减水、降低冰点等作用，能使混凝土在负温下继续硬化，而不用采取任何加热保温措施，这是混凝土冬期施工的一种有效方法，可以简化施工、节约能源，还可改善混凝土的性能。

第四章　结构安装工程技术管理

结构安装工程是用各种类型的起重机械将预制的结构构件（混凝土构件或钢结构构件）安装到设计位置（轴线和标高）的施工过程，是装配式结构工程施工的主导施工过程，它直接影响装配式结构工程的施工进度、工程质量和成本。在制订结构安装工程施工方案的过程当中，必须要充分考虑到具体工程的工期要求、场地条件、结构特征、构件特征及安装技术要求等，做好安装前的各项准备工作；明确构件加工制作计划任务和现场平面布置；合理选择起重、运输机械；合理选择构件的吊装工艺；合理确定起重机开行路线与构件吊装顺序。达到缩短工期、保证质量、降低工程成本的目的。

第一节　索具设备和起重机械

一、索具设备

结构安装工程常用的索具设备主要包括：绳索（白棕绳、钢丝绳）、吊具（撬杠、吊钩、卡环、横吊梁）、滑轮组和卷扬机等。钢丝绳强度高、韧性好、耐磨性好，磨损后外表产生的毛刺易发现，便于事故预防，是结构吊装的常用绳索。

锚定装置包括：卷扬机的锚固和各种起重机械缆风绳的锚固等

1.白棕绳

在建筑结构安装作业中,白棕绳可用于起吊轻型构件和受力不大的缆风绳、溜绳等。它是由植物纤维搓成线，线绕成股，再将股拧成绳。

白棕绳分3股、4股和9股三种。另外又有浸油白棕绳和不浸油白棕绳之分。浸油白棕绳不易腐烂，但质料变硬，不易弯曲，强度也比不浸油的绳要降低10%~20%。所以在吊装作业中一般都用不浸油的白棕绳。但未浸过油的白棕绳受潮后容易造成腐烂，因而使用年限较短。白棕绳使用时应满足下列要求；

（1）白棕绳穿绕滑车时，滑轮的直径应大于绳子直径的10倍，来避免绳子因受到较大的弯曲力面降低强度。

（2）成卷白棕绳在拉开使用时，应先把绳卷平放在地上，将有绳头的一面放在底下。从卷内拉出绳头（如从卷外拉出绳头，绳子就容易扭结），然后根据需要的长度切断。切断前应用细铁丝或麻绳将切断口两头的白棕绳扎紧，以防止切断后绳头松散。

（3）白棕绳在使用中如发生扭结，应设法抖直，否则绳子受拉时容易折断。有绳结的白棕绳不应通过滑车等狭窄的地方，以免发生事故。

（4）白棕绳应放在干燥和通风良好的地方，以免腐烂；不要和油漆及酸、碱等化学物品接触，来防止发生腐蚀。

（5）使用白棕绳时应尽量避免在粗糙的构件上或地上拖拉。来减少白棕绳的磨损，用白棕绳绑扎边缘锐利的构件时，应衬垫麻袋、木板等物，以免尖锐棱角割断绳子。

2. 钢丝绳

钢丝绳是吊装工作中的常用绳索，它具有强度高、韧性好、耐磨性好等优点。与此同时，磨损后外表产生毛刺，容易发现，便于预防事故的发生。

（1）钢丝绳的分类

钢丝绳是六股钢丝和一根绳芯（一般为麻芯）捻成。常用钢丝绳一般为 $6 \times 19 + 1.6 \times 7 + 1.6 \times 61 + 1$ 三种（6 股每股分别由 19 根、37 根、61 根钢丝捻成），其钢丝的抗拉强度为 1400MPa、1550MPa、1700MPa、1850MPa、2000MPa 五种。钢丝绳的种类很多，按钢丝股的槎捻方向和钢丝绳的槎捻方向不同分为：

1）顺捻绳：每根钢丝股的槎捻方向与钢丝绳的槎捻方向相同，这种钢丝绳柔性好，表面平整，不易磨损。但是容易松散和扭结卷曲，吊重物时，易使重物旋转，一般多用于拖拉或牵引装置。

2）反捻绳：每根钢丝股的槎捻方向与钢丝绳的槎捻方向相反，这种钢丝绳较硬，强度较高，不易松散，吊重时不会扭结和旋转，多用于吊装工作。

（2）钢丝绳的计算和使用

1）钢丝绳允许应力按下列公式计算：

$$[S_G] = \frac{a S_G}{k}$$

式中 $[S_G]$——钢丝绳的允许应力（kN）；

S_G——钢丝绳的钢丝破断拉力总和（kN）；

a——换算系数，按表 4-1 取用；

k——钢丝绳的安全系数，按表 4-2 取用。

表4-1　钢丝绳破断拉力换算系数

钢丝绳结构	换算系数
6×19	0.85
6×37	0.82
6×61	0.80

表4-2　钢丝绳的安全系数

用途	安全系数	用途	安全系数
作缆风绳	3.5	作吊索、无弯曲时	6~7
用于手动起重设备	4.5	作捆绑吊索	8~10
用于机动起重设备	5~6	用于载人的升降机	14

2）使用注意事项：

①应经常对钢丝绳进行检查，达到报废标准必须报废；定期对钢丝绳加润滑油（一般工作时间四个月左右加一次）。

②钢丝绳穿过滑轮时，滑轮槽的直径应比绳的直径大 1~2.5mm，滑轮槽过大钢丝绳容易压扁，过小则容易磨损；滑轮的直径不得小于钢丝绳直径的 10~12 倍，来减小绳的弯曲应力。

③存放在仓库里的钢丝绳应成卷排列，避免重叠堆置，库中应保持干燥，以防钢丝绳锈蚀。

④在使用中，如绳股间有大量的油挤出，表明钢丝绳的荷载已相当大，这时必须勤加检查，以防发生事故。

（3）钢丝绳的安全检查

钢丝绳使用达到一定时间后，就会产生断丝、腐蚀和磨损现象，其承载能力就降低了。钢丝绳经检查有下列情况之一者，应予以报废。

1）钢丝绳磨损或锈蚀达直径的 40% 以上；

2）钢丝绳整股断裂；

3）使用时断丝数目增加得很快。

（5）钢丝绳的使用注意事项

1）使用中不准超载。当在吊重的情况下，绳股间有大量的油挤出时，说明荷载过大，必须要立即进行检查。

2）钢丝绳穿过滑轮时，滑轮槽的直径应比绳的直径大 1~2.5mm。

3）为了减少钢丝绳的腐蚀和磨损，应定期加润滑油（一般以工作 4 个月左右加一次）。存放时，应保持干燥，并成卷排列，不得堆压。

4）使用旧钢丝绳,应事先进行检查,检查要求依照上述钢丝绳的安全检查规定执行。

3.吊具

吊具包括吊钩、卡环、钢丝绳卡扣、吊索、横吊梁等,是吊装时的辅助工具。卡环用于吊索之间或吊索与构件吊环之间的连接,钢丝绳卡扣主要用来固定钢丝绳端。使用卡扣的数量和钢丝绳的粗细有关,粗绳用得较多。吊索根据形式不同,可分为环形吊索（万能索）和开口索。横吊梁、扁担可减小起吊高度,满足吊索水平夹角要求,使构件保持垂直、平衡。

（1）吊钩

吊钩有单钩和双钩两种。吊装工作一般用单钩,双钩多用在工业厂房中的桥式天车上。吊钩是用整块钢材制造而成的,材料常用20号优质碳素钢（平炉钢）,锻成后要进行退火处理,增加其韧性。吊钩的表面应当光滑,不得有剥裂、刻痕、裂缝等缺陷存在,不准对磨损或有裂缝的吊钩进行补焊修理。因为补焊后吊钩会变脆,致使受力后裂断而发生事故,吊钩也不得直接钩在构件的吊环中。

（2）卡环（又称卸甲）

它用于吊索之间或吊索与构件之间的连接,由弯环和销子（芯子）两部分组成,弯环的形状有直形和马蹄形两种；销子有带螺纹和不带螺纹两种。活络卡环的销子端头和弯环孔眼无螺纹,可以直接抽出,多用于吊装柱子。当柱子就位并临时固定后,可在地面上用绳子将销子拉出,解开吊索,避免了高空作业。

在现场工作中,如需迅速地知道直形卡环的允许荷载,可根据销子直径（mm）用下列近似公式估算:

允许荷载 $\approx 35 \times$ 直径 $\times$ 直径（N）

4.滑轮组

滑轮组是由一定数量的定滑轮和动滑轮及绕过它们的绳索所组成,其作用是省力和改变力的方向。

5.卷扬机

卷扬机又叫绞车,有手动和电动的两种。吊装工程中常用的是电动卷扬机,电动卷扬机一般由电动机、减速器、制动闸和卷筒等部件组成。电动卷扬机的牵引力大、速度快、操作方便。电动卷扬机按卷扬速度不同有快速和慢速之分；以其卷筒数量来分有单筒、双筒和多筒。吊装工程中常用单筒慢速卷扬机,单筒卷扬机的技术规格。

（1）卷扬机的安装

1）卷扬机的安装位置:应该选择在地势稍高,土地坚实之处。来防止积水和保持卷扬机的稳定。卷扬机与构件起吊点之间的距离应大于起吊高度，以便于机械操作人员观察起吊情况。卷扬机与前面第一个导向滑车之间的距离应大于卷筒长度的20倍，以免钢丝绳与导向滑车的滑轮槽边缘产生较大的摩擦而磨损钢丝绳。与此同时，由于卷筒轴线与导向滑车之间保持一定的距离，使钢丝绳的偏斜角 a 不大于 1.5°（对于光面卷筒）或2°（对于有绳槽的卷筒）。

2）卷扬机必须加以固定，防止在使用过程中滑动或倾覆，常用的方法是用锚桩阻滑、重物压稳。其稳定力矩与倾覆力矩之比应大于或等于 1.5，方可确保其安全。

（2）卷扬机的安全使用

1）电动卷扬机的电气设备要零线接地，防止触电。停止使用时要切断电源，控制器应在零位置。

2）电动卷扬机送电时，控制器应在零位。起吊重物前，应对机械各部位进行检查，不能带病作业。

3）使用前，对各部位要勤注油润滑，讯号不明和钢丝绳附近有人时，不准开车。开车运转时，不准跨越钢丝绳。

4）卷筒上的钢丝绳应与卷筒连接牢固，起吊重物时，留在卷筒上的钢丝绳不能少于3圈。

5）起吊重物所需的牵引力不能大于卷扬机的额定牵引力。

6. 钢丝绳夹头（又称卡扣）

它用于固定钢丝绳端部。选用夹头时，必须要使 U 形环的内侧净距恰好等于钢丝绳的直径。使用夹头的数量和钢丝绳的粗细有关，粗绳用得较多。

7. 花篮螺丝

花篮螺丝又叫紧线器。结构吊装中常用的花篮螺丝主要由螺杆和杆套（螺母）两部分组成。它能拉紧和调节钢丝绳，故而它可在构件运输中捆绑构件，在安装校正中松、紧缆风绳。

花篮螺丝分为一端带钩，一端为环，或两端都带环这两种类型，但常用的是前种，其允许荷载可根据螺杆的直径用下列算式进行估算：

允许荷载 ≈25× 直径 × 直径（N）

式中的直径是以 mm 为单位计算的。

8. 吊索（又称捆绑绳）

主要用来起吊和绑扎构件以便进行起吊安装。做吊索用的钢丝绳，要求质地柔软，易于弯曲，一般用 6×37 或 6×61 的钢丝绳镶插编织而成，常用的吊索有万能吊索（封闭式吊索）和轻便吊索（开口式吊索）两种。万能吊索是一个封闭的环形，末端用编接法连接，编接的长度应大于 20d（d 是钢丝绳直径）。

吊索在使用时，可以采用单肢、双肢或四肢等形式。吊索与构件水平面的夹角一般不应小于 30°，通常采用 45°~60° 以减少吊索对构件的水平压力。构件吊装时，吊索内力的大小和对构件的水平压力，则根据所吊构件的重量、吊索的根数和吊索与水平面的夹角大小等因素决定。

9. 横吊梁（又称铁扁担）

前面讲过吊索与水平面的夹角越小，吊索受力越大。吊索受力越大，则其水平分力也就越大，对构件的轴向压力也就越大。当吊装水平长度大的构件时，为使构件的轴向压力不致过大，吊索与水平面的夹角应不小于 45°，就必须使用较长的吊索。但是吊索过长要占用较大的空间、高度，增加了对起重设备起重高度的要求，降低了起重设备的使用价值。为了提高机械的利用程度，常常采用一金属支杆来代替构件承受水平压力，这一金属支杆就是所谓的铁扁担。

铁扁担的形式很多。可以根据构件特点和安装方法自行设计和制造，但是需要做强度和稳定性验算。

常用的铁肩担有吊装柱子用的钢板铁扁担和用于吊装屋架等构件的槽钢铁扁担。

二、起重机械

在装配式单层工业厂房施工中，结构吊装是主导工程。而依据结构特点、构件情况，吊装要求及场地情况来正确地选用起重机械，是完成结构安装施工的关键因素。它还会直接影响到施工的成本费用。在装配式单层厂房结构吊装常用的各种起重机械中。主要有桅杆式起重机、自行式起重机和一般塔式起重机。

1. 桅杆式起重机

桅杆式起重机是用木材或金属材料制作的起重设备，具有制作简单、装拆方便、起重量大（可达 200t 以上）、受地形的限制比较小等特点，宜在大型起重设备不能进入时使用。但是它的起重半径小、移动较困难，需要设置较多的缆风绳。它一般适用于安装工程量集中、结构重量大、安装高度大以及施工现场狭窄的构件安装。常用的有独脚拔杆、人字拔杆、悬臂拔杆和牵缆式桅杆起重机等。

（1）独脚拔杆

独脚拔杆有木独脚拔杆和钢管独脚拔杆以及格构式独脚拔杆三种。

独脚拔杆由拔杆、起重滑轮组、卷扬机、缆风绳和锚锭等组成。木独脚拔杆由圆木做成，圆木直径200~300mm，最好用整根木料。起重高度在15m以内，起重量在10t以下。钢管独脚拔杆起重高度在20m以内，起重量在30t以下。格构式独脚拔杆一般制作成若干节，以便于运输，吊装中根据安装高度及构件重量组成需要长度。其起重高度可达70m，起重量可达100t。独脚拔杆在使用时，保持不大于10°的倾角，以便吊装构件时不至碰撞拔杆；拔杆底部要设拖子以便移动；拔杆主要依靠缆风绳来保持稳，其根数应根据起重量、起重高度，以及绳索强度而定，一般为6~12根，但是不少于4根。缆风绳与地面的夹角a一般取30°~45°，角度过大则对拔杆产生较大的压力。

（2）人字拔杆

人字拔杆是由两根圆木或钢管、缆风绳、滑轮组、导向轮等组成。在人字拔杆的顶部交叉处，悬挂滑轮组。拔杆下端两脚的距离为高度的1/3~1/2，缆风绳一般不少于5根。人字拔杆顶部相交成20°~30°夹角，以钢丝绳绑扎或铁件铰接。人字拔杆的特点是侧向稳定性好、缆风绳用量少，但是起吊构件活动范围小，一般仅用于安装重型柱，也可作辅助起重设备用于安装厂房屋盖上的轻型构件。

（3）悬臂拔杆

在独脚拔杆中部或2/3高度处装上一根起重臂，即形成悬臂拔杆，如图4-1所示。

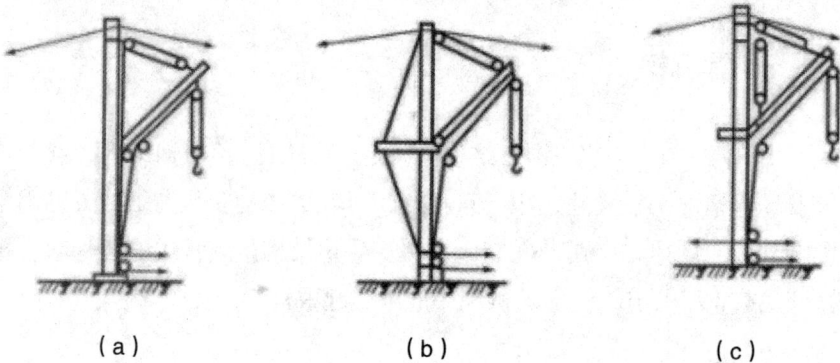

图4-1 悬臂拔杆

（a）一般形式；（b）带加劲杆；（c）起重臂可沿拔杆升降

悬臂拔杆的特点是有较大的起重高度和起重半径，起重臂还能左右摆动120°~270°，这为吊装工作带来较大的方便。但其起重量较小，多用于起重高度较高的轻型构件的吊装。

（4）牵缆式桅杆起重机

牵缆式桅杆起重机是在独脚拔杆的下端装上一根可以回转和起伏的吊杆而成。这种起重机不仅起重臂可以上下起伏，而且整个机身可作360°回转。因此，能把构件吊送到有效起重半径内的任何空间位置，具有较大的起重量和起重半径，灵活性好的特点。

起重量在 5t 以下的桅杆式起重机，大多用圆木做成，用于吊装小构件；起重量在 10t 左右的桅杆式起重机，起重高度可达 25m，多用于一般工业厂房的结构安装；用格构式截面的拔杆和起重臂，起重量可达 60t，起重高度可达 80m，常用于重型厂房的吊装，缺点是使用缆风绳较多。

2. 自行杆式起重机

自行杆式起重机可分为履带式起重机、汽车式起重机和轮胎式起重机三种。

自行杆式起重机的优点是灵活性大，移动方便，能为整个建筑工地服务。起重机是一个独立的整体，一到现场即可投入使用，无须进行拼接等工作，施工起来更方便，只是稳定性稍差。

（1）履带式起重机

履带式起重机主要由机身、回转装置、行走装置（履带）、工作装置（起重臂、滑轮组、卷扬机）以及平衡重等组成。履带式起重机是一种 360° 全回转的起重机，它利用两条面积较大的履带着地行走。其优点为对场地、路面要求不高，臂杆可以接长或更换，有较大的起重能力及工作速度，在平整坚实的道路上还可负载行驶。但其行走速度较慢，稳定性差，履带对路面破坏性较大，一般用于单层工业厂房结构安装工程。

履带式起重机主要技术性能包括 3 个参数：起重量 Q、起重半径 R 和起重高度 H。起重量是指安全工作所允许的最大起重物的质量；起重半径是指起重机回转中心至吊钩的水平距离；起重高度是指起重吊钩中心至停机面的距离，三个工作参数之间存在着互相制约的关系。即起重量、起重半径和起重高度的数值，取决于起重臂长度及其仰角。当起重臂达到一定长度时，随着起重臂仰角的增大，则起重量和起重高度增大，而起重半径则减小。当起重臂仰角不变时，随着起重臂长度的增加，则起重半径和起重高度都增加，而起重量变小。

常用履带式起重机型号有机械式（QU）、液压式（QUY）和电动式（QUD）三种。目前国产履带式起重机已经形成 30~300t 的产品系列（QUY35、QUY50、QUY100、QUY150、QUY300）。

（2）汽车式起重机

汽车式起重机是装在普通汽车底盘上或特制汽车底盘上的一种起重机，也是一种自行式全回转起重机。其行驶的驾驶室与起重操作室是分开的，它具有行驶速度高，机动性能好的特点。但吊重时需要打支腿，因此不能负载行驶，也不适合在泥泞或松软的地面上工作。

常用的汽车式起重机（图4-2）有 Q1 型（机械传动和操纵）、Q2 型（全液压式传动和伸缩式起重臂）、Q3 型（多电动机驱动各工作机构）以及 YD 型随车起重机和 QY 系列等。

图4-2　汽车式起重机

Q2-32 型汽车式起重机起重臂长 30m，最大起重量 32t，可用于一般厂房的构件安装和混合结构的预制板安装工作。目前引进的大型汽车式起重机最大起重量达 120t，最大起重高度可达 75.6m，能够满足吊装重型构件的需要。

在使用汽车式起重机时不准负载行驶或不放下支腿就起重，在起重工作之前要平整场地，来保证机身基本水平（倾斜一般不超过 3°），支腿下要垫硬木块。支腿伸出应在吊臂起升之前完成，支腿的收入应在吊臂放下、搁稳之后进行。

（3）轮胎式起重机

轮胎式起重机（图 4-3）是把起重机构安装在加重型轮胎和轮轴组成的特制底盘上的一种自行式全回转起重机。随着起重量的大小不同，底盘下装有若干根轮轴，配备有 4~10 个或更多轮胎。吊装时一般会用到四个支腿支撑来保证机身的稳定性；构件重力在不用支腿允许荷载范围内也可不放支腿起吊。轮胎式起重机与汽车式起重机的优缺点基本相似，其行驶均采用轮胎，故可以在城市的路面上行走，不会损伤路面。轮胎式起重机可用于装卸、一般工业厂房的安装和低层混合结构预制板的安装工作。

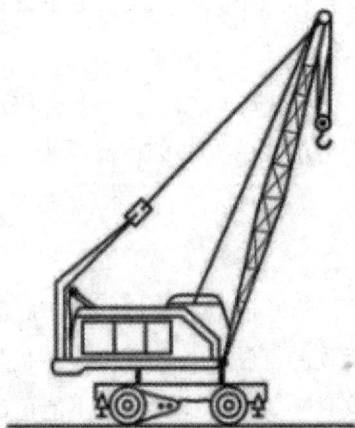

图4-3　轮胎式起重机

3.一般塔式起重机

塔式起重机按其结构与性能特点分两大类,即一般塔式起重机与自升塔式起重机。关于自升塔式起重机的性能将在此不做详细介绍。

一般塔式起重机常用的型号有 QT-6 型、TD-25 型、TQ-6 型、QT-15 型、QT-60/80 型、QT-20 型等。

QT-6 型塔式起重机是一种轨道式上旋转塔式起重机,起重量为 2~6t,幅度为 8.5~20m,适用于工业与民用建筑的吊装或材料仓库装卸工作。

TD-25 型塔式起重机是轨道式下旋转轻型塔式起重机,额定起重力矩为 250kN·m,适用于跨度 15m 以内的工业厂房及五层、六层民用建筑的吊装。

TQ-6 型塔式起重机是轨道式下旋转塔式起重机,额定起重力矩为 600kN·m,适用于各种工业与民用建筑吊装。

QT-15 型塔式起重机是轨道式上旋转塔式起重机,起重量为 5~15t,幅度为 8~25m,适用于工业与民用建筑结构吊装。

QT-60/80 型塔式起重机是轨道式上旋转塔式起重机,额定起重力矩为 600~800kN·m,适用于工业厂房与较高的民用建筑结构吊装。

QT-20 型塔式起重机是轨道下旋转塔式起重机,幅度为 9~30m,当达到 9m 时,主钩最大起重量为 20t,适用于多层工业与民用建筑的结构吊装。

第二节 钢筋混凝土单层工业厂房结构吊装

单层工业厂房构件除基础为现浇杯口基础,柱、吊车梁、连系梁、屋架、天窗架、屋面板及支撑系统(柱间支撑、屋盖支撑)等构件均需要进行吊装。在这之中,吊车梁、连系梁、天窗架和屋面板等小型构件一般在预制厂进行制作,柱和屋架则在施工现场进行制作。

一、吊装前的准备工作

1.场地清理与铺设道路

按照现场平面布置图,标出起重机的开行路线和构件堆放位置,注意保证足够的路面宽度和转弯半径,路面宽度一般为 3.5~6m,转弯半径为 10~20m;清理道路上的杂物,进行平整压实,松软土铺枕木、厚钢板。

2.构件的运输和堆放

一般构件混凝土强度达到设计强度的 75% 以上才可以进行运输；构件在运输时要固定牢靠，必要时应采用支架进行支撑；注意控制运输车辆行驶速度；注意构件的垫点和装卸车时的吊点都应按设计要求进行，垫点上的垫块要在同一条垂直线上，且厚度相等。构件堆放场地应平整压实，有排水措施，重叠堆放梁不会超过 4 层、大型屋面板不超过 6 块。

3.构件的检查与清理

检查构件型号，数量是否与设计相符；构件的混凝土强度必须满足设计要求，一般应不低于设计强度的 75%，对屋架等大跨度构件应达到设计强度的 100%；检查构件的外形尺寸，预埋件的位置和尺寸等是否符合设计要求；检查构件有无缺陷、损伤、变形、裂缝等。

4.基础的准备

装配式钢筋混凝土柱基础一般设计成杯形基础。为了保证柱子安装后牛腿面的标高符合设计要求（柱在制作过程中牛腿面到柱脚的距离可能存在误差），在柱吊装前需要对杯底标高进行一次调整（或称抄平）。调整的方法是测出杯底实际标高 h1（现浇杯形基础时标高应控制比设计标高略低 50mm），再量出柱脚底面至牛腿面的实际长度 h2，则杯底标高的调整值 $\triangle$ h=h1+h2+h3（牛腿面的设计标高），若是为正值时则需用细石混凝土进行垫平，若是为负值时则需凿掉。此外，还要在基础杯口上弹出柱的纵、横定位轴线（允许偏差 10mm），作为柱对位、校正的依据。

5.构件的弹线与编号

构件在吊装前要在构件表面弹出吊装准线作为构件对位、校正的依据，该准线包括构件本身安装对位线和构件上安装其他构件的对位准线。

（1）柱：应在柱身的三个面上弹出吊装准线。对矩形截面柱可按几何中线弹吊装准线，对工字形截面柱，为便于观测及避免视差，则应靠柱边翼缘上弹吊装准线。柱身所弹吊装准线的位置应与基础面上所弹柱的吊装准线位置相适应。此外，在柱顶要弹出截面中心线，在牛腿面上要弹出吊车梁的吊装准线。

（2）屋架：应在屋架的两个端头弹出纵、横吊装准线；在屋架上弦顶面弹出几何中心线，并从跨度中央向两端分别弹出在天窗架、屋面板或檩条的吊装准线。

（3）梁：在梁的两端及顶面应弹出几何中心线，作为梁的吊装准线。

在弹线的同时，应根据设计图纸将构件编号写在明显易见的部位。对不易辨别上下、左右的构件，还应在构件上加以备注，以免吊装时弄错。

二、构件吊装工艺

构件吊装的一般工艺：绑扎→起吊→对位、临时固定→校正、最后固定。

1. 柱的吊装

（1）柱的绑扎

柱的绑扎位置和绑扎点数，应根据柱的形状、断面、长度、配筋部位和起重机性能等情况确定。

1）绑扎点数和位置：因为柱的吊升过程中所承受的荷载与使用阶段荷载不同，因此绑扎点应高于柱的重心，柱吊起后才不会导致摇晃倾翻。吊装时应对柱的受力进行验算，其最合理的绑扎点应该在柱产生的正负弯矩绝对值相等的位置。一般的中、小型柱（长 12m 或重 13t 以下），大多绑扎一点，绑扎点在牛腿根部，工字形断面柱的绑扎点应选在矩形断面处，否则应在绑扎位置用方木垫平。重型或配筋小而细长的柱则需要绑扎两点甚至三点，绑扎点合力作用线高于柱重心。在吊索与构件之间还应垫上麻袋、木板等，以免吊索与构件之间摩擦造成损伤。

2）绑扎方法：按柱起吊后柱身是否垂直分为斜吊绑扎法和直吊绑扎法。

①斜吊绑扎法。当柱子的宽面抗弯能力满足吊装要求时，采用斜吊绑扎法。这种方法的优点是：直接把柱子在平卧的状态下，从底模上吊起，不需翻身，也不用铁扁担；其次，柱身起吊后呈倾斜状态，吊索在柱子宽面的一侧，起重钩可低于柱顶，当柱身较长，起重杆长度不足时，可用此法绑扎。但因柱身倾斜，就位时对正底线比较困难。

采用斜吊绑扎法时。为简化施工操作，降低劳动强度，可用专用吊具一柱销。这种吊具的用法是：在柱上吊点处预留孔利，洞内埋设黑铁皮管，管壁厚 2~4mm。绑扎时，将柱销插入预留孔中，反面用一个垫圈、一个插销将柱销拴紧，即可起吊。脱销时，将吊钩放松，在地面先将插销拉脱，再利用拉绳或吊杆旋转将其柱销拉出。

②直吊绑扎法。柱子的宽面抗弯能力不足时，吊装前要先将柱子翻身，再绑扎起吊。这时就要采取直吊绑扎法。

起吊后，铁扁担跨于柱顶上，柱身呈直立状态，便于垂直插入杯口。但因铁扁担高过柱顶，因此需要较大的起重高度。

（2）柱的吊升

工业厂房中的预制柱安装就位时，常用旋转法和滑行法两种形式吊升到位。

1）旋转法：这种方法是起重机边起钩、边回转起重杆，使柱子绕柱脚旋转而吊起之后，插入杯口。为在吊升过程中保持一定的回转半径（起重杆不起伏），在预制或堆放柱子时，应使柱子的绑扎点、柱脚中心和杯口中心三点共弧，该圆弧的圆心为起重机的回转中心，半径为圆心到绑扎点的距离。柱子堆放时，应尽量使柱脚靠近基础，并以此来提高吊装速度。

由于条件限制，不能布置成三点共弧时，也可以采取绑扎点或柱脚与杯口中心两点共弧。这种布置方法在吊升过程中，都要改变回转半径，起重杆要起伏、工效较低，且不够安全。

用旋转法吊升柱子，在吊装过程中柱子所受的振动较小、生产率较高，但对起重机的性能要求比较高，最好采用自行杆式（履带式）起重机。

2）滑行法：柱子吊升时，起重机只升吊钩，起重杆不动，使柱脚沿地面滑行逐渐直立，然后插入杯口。采用此法吊升时，柱子的绑扎点应布置在杯口附近，并与杯口中心位于起重机的同一工作半径的圆上，以便将柱子吊离地面后，稍转动吊杆，即可就位。

采用滑行法吊升柱子，缺点是在滑行过程中柱子受振动；优点是在起吊中，起重机只需要稍稍转动吊杆，即可将柱子吊装就位，比较安全。因此，一般中小型柱子多采用旋转法。当柱子较重、较长或起重机在安全荷载下的回转半径不够时，或现场狭窄、柱子无法按旋转法排放时；或使用桅杆式起重机吊装时，采用滑行法为宜。

（3）柱的对位与临时固定

柱脚插入杯口后，应悬离杯底适当距离进行对位，对位时从柱子四周放入 8 只楔块（距杯底 30~50mm），并用撬棍拨动柱脚，使柱的吊装准线对准杯口上的吊装准线，并使柱基本保持垂直。柱子对位后，应先将楔块略为打紧，经过检查符合要求后，方可将楔块打紧，这就是临时固定。重型柱或细长柱除做上述临时固定措施外，必要时还可加缆风绳。

（4）柱的校正与最后固定

柱的校正，包括平面位置和垂直度的校正。平面位置在临时固定时多已校正好，因此柱校正的主要内容是垂直度的校正，其方法是用两台经纬仪从柱的相邻两面来测定柱的安装中心线是否垂直。垂直度的校正直接影响吊车梁、屋架等吊装的准确性，必须认真对待。要求垂直度偏差的允许值为：柱商 ≤5m 时为 5mm；5m< 柱高 <10m 时为 10mm；柱商 ≥10m 时为 1/1000 柱高，但不得大于 20mm。

校正方法有敲打楔块法、千斤顶校正法、钢管撑杆斜顶法及缆风绳校正法等。

1）钢管撑杆校正法。钢管支撑两端装有螺杆，两端螺杆上的螺纹方向相反。因此，转动钢管时，撑杆可以伸长或缩短（钢管采用 0.75，长 6m 左右）。撑杆下端铰接在一块底板上，底板与地面接触的一面带有折线形突出的钢板条，并有孔眼，可以打下钢钎，目的是增大与地面的摩阻力。撑杆的上端铰接一块头部摩擦板，头部摩擦板与柱身接触的一面有齿槽，来增大与柱身的摩擦力，并带有一个铁环，可以用一根短钢丝绳和一个卡环，将头部摩擦板固定在柱身的一定位置上。适用于校正 10t 以下的柱子。

2）千斤顶斜顶法。在杯口放一千斤顶，千斤顶下部坐在用钢板焊成的斜向支座上，头部顶在混凝土柱身的一个预留的或后凿的凹槽上，操作千斤顶，给柱身施加一斜向力。使柱身调整垂直。放置千斤顶时，一般使千斤顶轴线与水平面夹角 a≈40°，若 a 过大，会将柱身混凝土顶住，为克服这一缺点，可在柱内预埋 20~25mm，长 15cm 的钢筋，伸出柱面 3~5cm 作为千斤顶头部的支座。

此法用于校正 30t 以内的柱子。

3）丝杠千斤顶平顶法。在杯口水平放置丝杠千斤顶，操纵千斤顶，给柱身施加一水平力，使柱子绕柱脚转动而垂直。此法可用于 30t 以内的柱子。

在实际施工中，无论采用哪种方法，均须注意以下几点：

（1）应先校正偏差大的，后校正偏差小的。如果两个方向偏差数字相近，则先校正小面，后校正大面（校正时，不要一次将一个方向的偏差完全校好，可保留 8~10mm，因为在校正另一方向时会影响已校正过的那个方向）。校正好一个方向后，稍打紧两面相对的四个楔子，再校正另一个方向。

（2）柱子在两个方向的垂直度都校正好后，应再复查平面位置，如偏差在 5mm 以内，则打紧八个楔子，并使其松紧基本一致。如两面相对的楔子松紧不一，则在风力作用下，柱子将向松的一面偏斜。8t 以上的柱子校正后，如用木模固定，最好在杯口另用大石块或混凝土塞紧。柱底脚与杯底四周空隙较大者应垫入钢板，来防止木楔被压缩，柱子偏斜。

（3）校正柱子垂直度需用两台经纬仪观测。仪器的架设位置，应使其望远镜的旋转面与观测面尽量垂直（夹角应大于 75°），观测柱子两个方向均在经纬仪观测的重直线上。

（4）在阳光照射下校正柱子垂直度时，要考虑温差的影响，因为柱子受太阳照射后，阳面温度比阴面高，由于温差的产生，柱子将向阴面弯曲，使柱顶有一个水平位移。水平位移的大小与温度差数值、柱子的长度及厚度尺寸等因素有关。一般为 3~10mm；有些特别细长的柱子，可达 40mm 以上。长度小于 10m 的柱子，可不用考虑到温差的消极影响。面细长的柱子可以利用早晨，阴天校正的办法解决。

柱校正后应立即进行最后固定。方法是在柱脚与杯口的空隙中浇筑比柱混凝土强度等级高一级的细石混凝土，浇筑分两次进行：第一次浇筑至原固定柱的楔块底面，待混凝土强度达到 25% 时拔去楔块，再将混凝土灌满杯口。等到第二次浇筑的混凝土强度达到 75% 后，方可安装其上部构件。

2.吊车梁的吊装

吊车梁的类型，通常有 T 型、鱼腹型和组合型等，长度一般为 6m、12 m，重 3~5t。吊车梁吊装时，应两点绑扎，对称起吊。起吊后应基本保持水，两端设拉绳（溜绳）控制，对位时不宜用撬棍在纵轴方向撬动吊车梁，以防使柱身受挤动产生偏差；用垫铁垫平，一般不需要临时固定。

吊车梁的校正主要包括平面位置和垂直度的校正。中小型吊车梁宜在厂房结构校正和固定后进行安装，以免屋架安装时，引起柱子变位。对于重型吊车梁则边吊装边进行校正。

吊车梁垂直度校正用靠尺逐根进行，平面位置的校正常用通线法与平移轴线法，如图 4-4 所示。通线法：根据柱子轴线用经纬仪和钢尺，准确地校核厂房两端的四根吊车梁位置，对吊车梁的纵轴线和轨距校正好之后，再依据校正好的端部吊车梁，沿其轴线拉钢丝通线进行逐根拨正。平移轴线法：在柱列边设置经纬仪，逐根将杯口中柱的吊装准线投影到吊车梁顶面处的柱身上，并做出标志，再根据柱子和吊车梁的定位轴线间的距离（一般为 750mm），逐根拨正吊车梁的安装中心线。

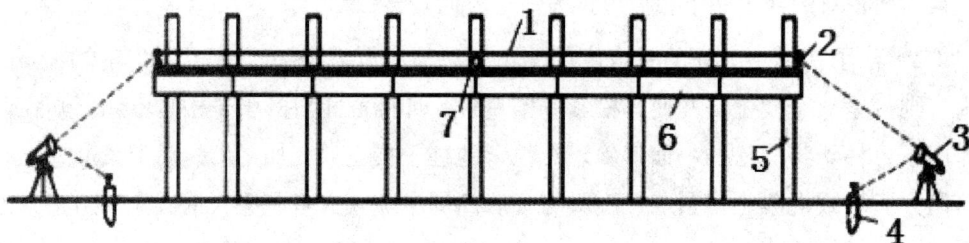

图4-4　通线法校正吊车梁的平面位置

1—通线；2—支架；3—经纬仪；4—木桩；5—柱；6—吊车梁；7—圆钢

3.屋架的吊装

屋盖系统包括屋架、屋面板、天窗架、支撑、天窗侧板及天沟板等构件。屋盖系统一般按节间进行综合安装，即每安装好一榀屋架，就随即将这一节间的全部构件安装上去。这样做可以提高起重机的利用率，加快安装进度，有利于提高质量和保证安全。在安装起始的两个节间时，要及时安好支撑，以保证屋盖安装过程的稳定。

（1）屋架的扶直与就位

钢筋混凝土屋架一般在施工现场平卧浇筑，吊装前应将屋架扶直就位。屋架是平面受力构件，侧向刚度差。扶直时由于自重会改变杆件的受力性质，容易造成屋架损伤，所以必须采取有效措施或合理的扶直方法。按照起重机与屋架相对位置的不同，屋架扶直分为正向扶直和反向扶直两种方法。

1）正向扶直：起重机位于屋架下弦一侧，吊钩对准屋架上弦中心。收紧吊钩，略起臂使屋架脱模，随后升钩升臂，屋架以下弦为轴转为直立状态。一般在操作中将构件升臂比降臂较安全，所以应该尽量采用正向扶直。

2）反向扶直：起重机位于屋架上弦一侧，吊钩对准屋架上弦中心，升钩降臂，屋架以下弦为轴转为直立状态。

屋架扶直时，应注意吊索与水平线的夹角不宜小于60°。屋架扶直后，应立即进行就位。就位指移放在吊装前最近的便于操作的位置。屋架就位位置应在事先加以考虑，它与屋架的安装方法，起重机械的性能有关，还应该充分考虑到屋架的安装顺序，两端朝向，尽量减少占用场地，便于吊装。就位位置一般靠柱边斜放或以3~5为一组平行于柱边。屋架就位后，应用8号铁丝、支撑等与已安装的柱或其他固定体相互拉结，以保持稳定。

（2）屋架的绑扎

屋架的绑扎点应选在上弦节点处左右对称，并高于屋架重心，以免屋架起吊后晃动和倾翻，吊装时吊索与水平线的夹角不宜小于45°，以免屋架承受过大的横向压力。在必要时，为了减小绑扎高度及所受横向压力可采用横吊梁。吊点的数目及位置与屋架的形式和跨度有关，应经吊装验算确定。一般情况：跨度≤18，采用两点绑扎：跨度>18m，采用四点绑扎；跨度>30m和组合屋架，应增设铁扁担，来降低吊装高度和减小吊索对屋架上弦的轴向压力。

屋架的绑扎方法，有以下四种：

1）跨度小于15m的屋架，绑扎两点即可；跨度在15m以上时，可采取四点绑扎；屋架跨度超过30m时，可采用铁扁担，以减小吊索高度。

2）三角形组合屋架由于整体性和侧向刚度较差，且下弦为圆钢或角钢，必须用铁扁担绑扎，最好加绑杉杆等加固。大于18m跨度的钢筋混凝土屋架，也要采取一定的加固措施，来增加屋架的侧向刚度。

3）钢屋架的侧向刚度很差，在翻身扶直与安装时，均应绑扎几道杉杆，作为临时加固措施。

（3）屋架的吊升、对位与临时固定

中、小型屋架，一般均用单机吊装，当屋架跨度大于24m或重量较大时，应采用双机抬吊。在屋架吊离地面约300mm时，将屋架引至吊装位置下，然后再将屋架吊升超过柱顶一些，进行屋架与柱顶的对位。

屋架对位应以建筑物的定位轴线为准，对位成功后，立即进行临时固定。第一榀屋架的临时固定，可利用屋架与抗风柱连接，也可用缆风绳固定；以后每榀屋架可用工具式支撑（屋架校正器）与前一榀屋架连接。

（4）屋架的校正和最后固定

屋架的垂直度应用垂球或经纬仪检查校正，有偏差时采用工具式支撑纠正，并在柱顶加垫铁片稳定。屋架校正完毕后，应立即按照设计规定用螺母或焊接固定，待屋架固定后，起重机方可松卸吊钩。

4.屋面板的吊装

单层工业厂房的屋面板，一般为大型的槽形板。板四角吊环就是为起吊时用的，可单块起吊，也可多块叠吊或平吊。为了有效避免屋架承受半边荷载，屋面板吊装的顺序应自两边檐口开始，对称地向屋架中点进行铺放；在每块板对位后应立即焊接固定，必须保证有三个角点焊接。

三、单层工业厂房结构吊装方案

单层工业厂房结构吊装方案内容包括：结构吊装方法、起重机的选择、起重机的开行路线及构件的平面布置等。确定施工方案时应根据厂房的结构形式、跨度、构件的重量及安装高度，吊装工程量及工期要求，考虑现有起重设备条件等因素综合确定。

1.结构吊装方法

（1）分件安装法

分件安装法即起重机每开行一次只是安装了一种或两种构件，如第一次开行吊柱，第二次开行吊地梁、吊车梁、连系梁等，第三次开行吊屋盖系统（屋架、支撑、天窗架、屋面板）。分件安装法的优点是能按构件特点灵活选用起重机具；索具更换少，工人熟练程度高；构件布置容易，现场不拥挤。但其缺点是起重机开行线路长，不能进行围护、装饰等工序流水作业。分件安装法是单层工业厂房结构安装常采用的方法。

（2）综合安装法

综合安装法即起重机在车间内的一次开行中，分节间（先安装4~6根柱子）安装所有类型的构件。其优点是起重机开行路线短，停机点少；利于围护、装饰等后续工序的流水作业。但是存在一种起重机械同时吊装多种类型的构件，起重机的工作性能不能充分发挥；吊具更换频繁，施工速度慢；校正时间短，给校正工作带来困难；施工现场构件繁多，构件布置复杂，构件供应紧张等缺点。主要用于已安装了大型设备等，不便于起重机多次开行的工程，或要求某些房间先行交工的工程等。

2.起重机的选择

起重机的选择包括类型，型号的选择。一般中小型厂房选择自行式起重机；起重量较大且缺乏自行式起重机时，可选用桅杆式起重机；大跨度、重型厂房，应结合设备安装选择起重机；一台起重机不能满足吊装要求时，可考虑选择两台抬吊。

起重机的类型选定后，要根据构件的尺寸，重量及安装高度来确定起重机型号。当起重半径受场地安装位置限制时，先定起重半径再选能满足起重量，起重高度要求的机械；当起重半径不受到限制时，根据所需起重量，起重高度选择机型后，查出相应允许的起重半径。

（1）起重机的起重量 Q 必须大于或等于所安装构件的重量与索具重量之和。

（2）起重高度 H：

$$H=h_1+h_2+h_3+h_4$$

式中 h_1——停机面至安装支座的高度（m）；

h_2——安装间隙（≥0.3m）或安全距离（≥2.5m）；

h_3——绑扎点至构件底面尺寸（m）；

h_4——吊索高度（m）。

（3）起重半径 R。当起重机可以不受限制地开到吊装位置附近时，对起重机的起重半径没有具体要求。

当起重机受限制不能靠近安装位置去吊装构件时，起重半径按下式计算：

$$R=F+D+0.5b$$

式中 F——起重机枢轴中心距回转中心的距离（m）；

b——构件宽度（m）；

D——起重机枢轴中心距所吊构件边沿的距离（m）。

3.起重机的开行路线、停机位置和构件的平面布置构件的平面布置与起重机的性能、安装方法、构件的制作方法有很大关系。

（1）吊装柱时起重机的开行路线及平而位置

1）起重机的开行路线

根据厂房的跨度、柱的尺寸和重量及起重机的性能，有跨中开行和跨边开行两种。当 R≥L/2 时（L 为厂房跨度），跨中开行，一个停机点可吊 2 根或 4 根柱；当 R<L/2 时，跨边开行，一个停机点可吊 1 根或 2 根柱。

2）柱的平面布置

柱的平面布置位置既可在跨内也可在跨外，布置方向分为斜向和纵向。

①斜向布置。根据吊装时采用的吊装方法（旋转法或滑行法），可以按照三点或

二点共弧斜向布置。确定步骤：确定起重机开行路线（Rmin≤a≤R 选）→以柱基中心 M 为圆心、R 选为半径画弧，与起重机开行路线的交点即为起重机停机点 O →以起重机停机点 O 为圆心定出圆弧 SKM（SM），确定 A、B、C、D 尺寸，即可得到柱预制位置。

②纵向布置。用于滑行法吊装，该布置占地少，制作方便，但不便于起吊。确定步骤：确定起重机开行路线（Rmin≤a≤R 选）→相邻两柱基中心线与起重机开行路线的交点即为起重机停机点 O →确定柱预制位置。

（2）吊装屋架时起重机的开行路线及构件的平面布置

1）预制阶段平面布置

一般在跨内平卧叠浇预制，每叠 3~4 榀；布置方式分为正面斜向。正反斜向和正反纵向布置三种，应优先采用正面斜向布置，它便于屋架扶直就位，只有当场地限制时，才采用其他方式。布置时应注意以下四点：

①斜向布置时，屋架下弦与纵轴线夹角为 10°~20°；

②预应力屋架两端均应留出抽管、穿筋、张拉操作所需场所（1/2+3m）；

③每两垛之间留不小于 1.0m 的间隙；

④每垛先扶直者放于上面，放置方向与埋件位置要准确（标出轴号、编号）。

2）安装阶段构件的就位布置及运输堆放

安装阶段的就位布置，是指柱子已安装完毕，其他构件的就位布置，包括了屋架的扶直就位、吊梁、屋面板的运输就位等。

①屋架的扶直就位

屋架可靠柱边斜向就位或成组纵向就位。

屋架纵向就位时，通常是以四至五榀为一组靠柱边顺轴线纵向就位，屋架与柱之间、屋架与屋架之间的净距不小于 20cm，相互之间用铅丝及支撑拉紧撑牢，每组屋架之间，应留 3m 左右的间距作为横向通道。应有效避免在已安装好的屋架下面去绑扎、吊装屋架。屋架起吊后，注意不要与已安装的屋架相连；因此，布置屋架时，每组屋架的就位中心线，可大约安排在该组屋架倒数第二榀安装轴线之后 2m 处。

②吊车梁、连系梁、屋面板的运输堆放

单层厂房的吊车梁、连系梁、屋面板一般在预制厂集中生产，运至工地安装。构件运至现场后，按平面布置图安排的部位，依编号、安装顺序进行就位和集中堆放。吊车梁、连系梁的就位位置，一般在其安装位置的柱列附近，跨内跨外均可；有时，也可从运输车辆上进行直接起吊。屋面板的就位位置，可布置在跨内或跨外，根据起重机安装屋面板时所需的回转半径，排放在适当部位。一般情况，屋面板在跨内就位时，后退四五个节间开始堆放；跨外就位时，应后退一两个节间。

构件集中堆放时应注意：场地要平整压实，并有排水措施；构件应按使用时的受力情况放在垫木上；重叠构件之间，也要加垫木，上下层垫木，要在同一垂直线上。构件之间，应留有 20cm 的空隙，以免吊装时互相碰坏。堆垛的高度应按构件强度、垫木强度、地基耐压力以及堆垛的稳定性而定，一般梁 2~3 层，屋面板 6~8 层。

单层厂房构件的平面布置，受很多因素影响。在制定时，要密切联系现场实际，因地制宜，并充分地征求安装部门的意见，确定出切实可行的构件平面布置图。排放构件时，可按比例将各类构件的外形，用硬纸片剪成小模型，在同样比例的平面图上，按以上所介绍的各项原则进行布置，在积极吸取群众意见的基础上，排出几种方案进行比较，从中确定出最优方案。

第三节　多层装配式结构安装

多层装配式结构在工业和民用建筑中占有很大比例，其结构构件均为预制，用起重机在施工现场装配成整体。其施工特点是结构高度较大，占地面积相对较小，构件种类多、数量大，各类构件的接头处理繁杂，技术要求高。

在结构安装施工中，需要重点解决的问题是吊装机械与布置、吊装方法、吊装顺序、构件节点连接施工、构件布置与吊装工艺等。

一、吊装机械的选择和布置

1. 吊装机械的选择

吊装机械的选择应按工程结构的特点、高度、平面形状、尺寸，构件长短、轻重、体积大小、安装位置以及现场施工条件等因素确定。

一般建筑高度在 18m 以下的结构安装多选用自行式起重机；建筑高度 18m 及以上的结构，一般选用塔式起重机。

塔式起重机的起重能力通常用起重力矩 M（M=QiMi）表示，选择型号时，应分别计算出主要构件所需的起重力矩，取其最大值 Mmax 作为选择依据。并绘制剖面图，在图上标明各主要构件吊装重物时所需要的起重半径。

2.起重机的布置

起重机的布置主要应考虑结构平面形状、构件重量、起重机性能、施工现场条件等因素，一般有下列两种方式。

（1）单侧布置

当结构宽度较小、构件较轻时采用单侧布置。

同时，起重半径应满足：

$$R \geq b+a$$

式中 b——结构宽度（m）；

a——结构外侧边至起重机轨道中心线间的距离（一般取 3~5m）。

（2）双侧布置（环形布置）

当结构宽度较大、构件较重，采用单侧布置起重机的起重力矩不能满足结构吊装要求时，起重机可采用双侧布置。

双侧布置时，起重半径应为：

$$R \geq b/2+a$$

若是发现了场地的制约，起重机不能布置在跨外，或由于构件重、结构宽，采用外侧布置起重机的起重力矩不满足吊装要求时，可将起重机合理布置在跨内。其布置有单行布置及环形布置两种方式。

跨内布置时，起重机只能采用竖向综合吊装，结构稳定性差，构件二次搬运量大。因此，应优先采用跨外布置方案。

二、构件的平面布置和堆放

多层装配式结构构件，除重量较大的柱在现场就地预制外，其余构件一般在预制厂制作，运至工地安装。因此，构件平面布置要着重解决柱在现场预制布置问题。其布置方式一般有下列三种：

1.平行布置

平行布置即柱身与轨道平行，是常用的布置方案。柱可叠浇，将几层高的柱通长预制，能尽量减少柱接头偏差。

2.斜向布置

斜向布置即柱身与轨道成一定角度。柱吊装时，可用旋转法起吊，它比较适用于较长柱。

3. 垂直布置

垂直布置即柱身与轨道垂直。适用于起重机在跨中开行，柱吊点在起重机起重半径之内加工厂制作的构件。一般在吊装前将构件按型号、数量和安装顺序等运进施工现场，吊装时，按构件供应方式可分为储存吊装法和随吊随运法。储存吊装法是指按照构件吊装工艺过程，将各种类型的构件配套运输至施工现场并保持一定的储备量。储存吊装法可提高起重机的工作效率。随吊随运法也称为直接吊装法，构件按吊装顺序配套运往施工现场，直接由运输车辆上吊到设计安装位置上。这种方法需要较多的运输车辆和严密的施工组织。

楼面板等构件的堆放方式有插放法和靠放法两种。插放法是构件插在插放架上，堆放时不受型号限制，可按吊装顺序放置。这种方法便于查找构件型号，但是占用场地较多。靠放法是将同型号构件放在靠放架上，占用场地较少。构件必须对称靠放，其倾角应保持大于80°，构件上部用木块隔开。

三、结构的吊装方法和吊装顺序

多层装配式结构的吊装方法有分件吊装法和综合吊装法两种。

1. 分件吊装

按流水方式不同，分件吊装有分层分段流水和分层大流水两种吊装方法。

分层分段流水吊装法是将多层结构划分为若干施工层，每个施工层再划分为若干吊装段。起重机在每一吊装段内按吊装顺序分次进行吊装，每次开行吊装一种构件，直至该段的构件全部吊装完毕，再转移到另一段，等到每一施工层各吊装段构件全部吊装完并最后固定后再吊装上一施工层构件。

通常施工层的划分与预制柱的长度有关，当柱的长度为一个结构层高时，以一个结构层高为一个施工层。如果柱子高度是两个结构层高时，则以两个结构层高为一个施工层，施工层数越多，则柱子接头越多，吊装速度越慢，因此应加大柱的预制长度，来减少施工层。

吊装段的划分取决于结构的平面尺寸、形状、起重机性能及开行路线等。划分时应保证结构安装的吊装、校正、固定各工序的协调，同时保证结构安装时的相对稳定。

分件安装的优点是，容易组织吊装、校正、焊接、固定等工序的流水作业，容易安排构件的供应及现场布置。

分层大流水吊装法是每个施工层不再划分流水段，而按一个楼层组织各个工序的流水作业，这种方法适用于每层面积不大的工程。

2. 综合吊装

综合吊装是以一个柱网（节间）或若干个柱网（节间）为一个吊装段，以房屋全高为一个施工层组织各工序流水施工，起重机把一个吊装段的构件吊装至房屋的全高，然后转入下一个吊装段施工。

当结构宽度大面采用起重机跨内开行时，由于结构被起重机的通道暂时分割成几个从上到下的独立部分。因此，综合吊装法特别适用于起重机在跨内开行时的结构吊装。

四、结构吊装工艺

单层厂房钢结构构件，包括柱、吊车梁，屋架、天窗架、檩条、支撑及墙架等构件的形式，尺寸、质量、安装标高都不同，应该采用不同的起重机械、吊装方法，以达到经济、合理的目的。

1. 柱的吊装

为了便于预制和吊装，各层柱截面应尽量保持不变，而以改变配筋或混凝土强度等级来适应荷载的变化。柱一般以 1~2 层楼高为一节，也可以 3~4 层楼高为一节，视起重机性能而定。当采用塔式起重机进行吊装作业时，以 1~2 层楼高最为适宜；对 4~5 层框架结构，采用履带式起重机进行吊装时，柱长可采用一节到顶的方案。柱与柱的接头宜设在弯矩较小位置或梁柱节点位置，同时要便于施工。每层楼的柱接头宜布置在同一高度，便于统一构件规格，减少构件型号。

（1）绑扎起吊

多层框架柱，由于长细比较大，吊装时必须合理选择吊点位置和吊装方法，必要时应对吊点进行吊装应力和抗裂度验算。一般情况下，当柱长在 12m 以内时可采用一点绑扎，旋转法起吊；对 14~20m 的长柱则应采用两点绑扎起吊。应尽量避免采用多点绑扎，以防止在吊装过程中构件受力不均而产生裂缝或断裂。

（2）柱的临时固定和校正

框架底柱与基础杯口的连接与单层厂房相同。上下两节柱的连接是多层框架结构安装的关键。其临时固定可用管式支撑。柱的校正需要进行 2~3 次。首先在脱钩后电焊前进行初次校正；在电焊后进行二次校正，观测钢筋因电焊受热收缩不均而引起的偏差；在梁和楼板吊装后再校正一次，消除梁柱接头电焊产生的偏差。

在柱校正过程中，当垂直度和水平位移均有偏差时，如垂直度偏差较大，则应先校正垂直度，然后校正水平位移，来减少柱倾覆的可能性。柱的垂直度偏差容许值为 H/1000（H 为柱高），且不大于 15mm。水平位移容许偏差值应控制在 ± false5mm 以内。

多层框架长柱，由于阳光照射的温差对垂直度有影响，使柱产生弯曲变形，因此，在校正中须采取适当措施。例如：可在无强烈阳光（阴天、早晨、晚间）进行校正；同一轴线上的柱可选择第一根柱在无温差影响下校正，其余柱均以此柱为标准校正时预留偏差。

（3）柱子接头

柱子接头形式有榫式、插入式、浆锚式等三种。

榫式：接头上柱下部有一棉头，承受施工荷载，上下柱外露的受力钢筋采用坡口焊接，配置定数量箍筋，浇筑混凝土后形成整体。

插入式：接头是将上柱下端制成榫头，下柱顶端制成杯口，上柱榫头插入下柱杯口后用水泥砂浆填实，这种接头不需要焊接。

浆锚式：接头是将上柱伸出的钢筋插入下柱的预留孔中，用水泥砂浆锚固形成整体。

2. 梁柱接头

梁柱接头的形式很多，常用的有明牛腿式刚性接头、齿槽式接头、浇筑整体式接头等。

（1）明牛腿式刚性接头：在梁端预埋一块钢板，牛腿上也预埋一块钢板，焊接好以后起重机方可脱钩。再将梁、柱的钢筋，用坡口焊接，最后灌以混凝土，使之成为刚度大、受力可靠的刚性接头。

（2）齿槽式接头：在梁、柱接头处设置角钢，作为临时牛腿，来支撑梁。角钢支撑面积小，不大安全。当柱混凝土强度必须达到 10MPa 时才允许吊装。

（3）浇筑整体式接头：柱为每层一节，梁搁在柱上，梁底钢筋按锚固长度要求弯上或焊接，将节点核心区加上箍筋后即可浇筑混凝土。先浇筑至楼板面高度。当混凝土强度大于 10MPa 后，再吊装上柱，上柱下端同样式柱，上下柱钢筋搭接长度大于 20d（d 为钢筋直径）。第二次浇筑混凝土到上柱榫头部，留 35mm 左右的空隙，用细石混凝土填缝。

3. 墙板结构构件吊装

装配式墙板结构是将墙壁、楼板、楼梯等房屋构件，在现场或预制厂预制，然后在现场装配成整体的一种结构。目前在住宅建筑中，一般墙板的宽度与开间或进深相当，高度与层高相当，墙壁的厚度和其采用的材料与当地气候以及构造要求有关。

墙板所用的材料有普通混凝土、轻骨料混凝土以及粉煤灰、矿渣等工业废料混凝土、加气混凝土等。墙板按其构造可分为单一材料墙板（实心及空心墙板）和复合材料墙板两大类。复合材料墙板是将不同功能的材料复合在一起，分别起到承重、保温、装饰作用，以提高墙板的技术经济指标。对于外墙板应具有保温、隔热和防水功能，并可事先做好外饰面（如贴面瓷砖、纤维板等）和装上门窗。室内墙面不用抹灰，安装后喷浆或贴墙纸。

墙板的连接一般采取预留钢筋互相搭接，然后用混凝土灌缝连成整体。在装配式框架结构高层建筑中，墙板与框架采用预埋件焊接。装配式墙板房屋由于连接节点的整体性、强度和延性较差，抗震性能较低，目前仅用于 12 层以下的住宅建筑。

墙板的安装方法有储存安装法和直接安装法（即随运随吊）两种。储存安装法是将构件从生产场地或构件厂运至吊装机械工作半径范围内储存，储存量一般为 1~2 层构件，目前采用较多。

墙板安装前应反复核查墙板轴线、水平控制线，正确定出各楼层标高、轴线、墙板两侧边线，墙板节点线，门窗洞口位置线，墙板编号及预埋件位置。

墙板安装顺序一般采用逐间封闭法。当房屋较长时，墙板安装宜由房屋中间开始，先安装两间，构成中间框架，称标准间，然后再分别向房屋两端安装。当房屋长度较小时，可由房屋一端的第二开间开始安装，并使其闭合后形成一个稳定结构，作为其他开间安装时的依靠。

墙板安装时，应先安内墙，后安外墙，逐间封闭，随即焊接。这样可以有效减少误差累计，施工结构整体性好，临时固定简单方便。

墙板安装的临时固定设备有操作平台、工具式斜撑、水平拉杆、转角固定器等。在安装标准间时，用操作平台或工具式斜撑固定墙板和调整墙的垂直度。其他开间则可用水平拉杆和转角器进行临时固定，用木靠尺检查墙板垂直度和相邻两块墙板板面的接缝。

第五章　建筑防水工程施工技术管理

第一节　屋面防水技术

屋面防水工程是房屋建筑的一项重要工程，其施工质量的好坏不仅关系到建筑物的使用寿命，而且对生产活动和人民生活也有直接的影响。目前，常用的屋面防水做法有卷材防水屋面、刚性防水屋面和涂膜防水屋面。屋面工程应根据建筑物的性质、重要程度、使用功能要求以及防水层合理使用年限，按不同等级进行设防。

一、卷材防水屋面的施工

目前应用最普遍的是卷材防水屋面。卷材屋面是采用沥青油毡、再生橡胶、合成橡胶或合成树脂类等柔性材料粘贴成的一整片能防水的屋面覆盖层。卷材有一定韧性，可以适应一定程度的胀缩和变形。卷材防水屋面适用于防水等级为 I—IV 级的屋面防水。

卷材防水屋面目前最常见的施工方法有热施工、冷施工、机械固定三大类。卷材防水层的铺贴方法有满粘法、空铺法、点粘法、条粘法四种。

防水卷材品种的选择要根据当地历年最高气温、最低气温、屋面坡度和使用条件等因素，综合选择耐热度、柔性相适应的卷材；根据地基变形程度、结构形式、当地年温差、日温差和振动等因素，选择拉伸性能相适应的卷材；根据屋面防水卷材的暴露程度，选择耐紫外线、耐穿刺、热老化保持率或耐霉烂性能相适应的卷材，自粘橡胶沥青防水卷材和自粘聚酯胎改性沥青防水卷材（铝箔覆面者除外），不得用于外露的防水层。

（一）材料要求

不同品种、型号和规格的卷材应分别堆放；卷材应贮存在阴凉通风的室内，避免雨淋、日晒和受潮，且严禁靠近火源。沥青防水卷材贮存环境温度，不得高于45℃，沥青防水卷材宜直立堆放，其高度不宜超过两层，并不得倾斜或横压，短途运输平放不宜超过四层；卷材应避免与化学介质及有机溶剂等有害物质接触，不同品种、规格的卷材胶粘剂和胶粘带，应分别用密封桶或纸箱包装；卷材胶粘剂和胶粘带应贮存在阴凉通风的室内，且严禁靠近火源和热源。

进场的卷材物理性能应检验下列项目：

1）沥青防水卷材的纵向拉力、耐热度、柔度、不透水性。

2）高聚物改性沥青防水卷材的可溶物含量、拉力、最大拉力时延伸率、耐热度、低温柔度、不透水性。

3）合成高分子防水卷材的断裂拉伸强度、扯断伸长率、低温弯折、不透水性。

进场的卷材胶粘剂和胶粘带物理性能应检验下列项目：

1）改性沥青胶粘剂的剥离强度。

2）合成高分子胶粘剂的剥离强度和浸水168h后的保持率。

3）双面胶粘带：剥离强度和浸水168h后的保持率。

同一品种、型号和规格的卷材、抽样数量：大于1000卷抽取5卷；500~1000卷抽取4卷；100~499卷抽取3卷；小于100卷抽取2卷。将受检的卷材进行规格尺寸和外观质量检验，且全部指标都分别达到标准规定时，即为合格。其中若有一项指标达不到要求，允许在受检产品中另取相同数量的卷材进行复检，全部达到标准规定为合格。复检时仍有一项指标不合格，则判定该产品外观质量为不合格。在外观质量检验合格的卷材中，任取一卷做物理性能检验，若物理性能有一项指标不符合标准规定，应在受检产品中加倍取样进行该项复检，复检结果如仍不合格，则判定为该产品不合格。

（二）基层处理

现在的屋面大多是整体现浇混凝土板，可直接铺抹找平层，找平层可采用水泥砂浆、细石混凝土或沥青砂浆。找平层表面应压实平整，排水坡度应符合设计要求。采用水泥砂浆找平层时，水泥砂浆抹平收水后应二次压光和充分养护，不得有疏松、起砂、起皮现象。卷材防水屋面基层与突出屋面结构（女儿墙、立墙、天窗壁、变形缝等）的交接处以及基层的转角处（水落口、檐口、天沟、檐沟、屋脊等），均应做成圆弧，内部排水的水落口周围应做成略低的凹坑。

铺设屋面隔汽层或防水层前，基层必须干净、干燥。干燥程度的简易检验方法，是将 $1m^2$ 卷材平坦地干铺在找平层上，静置 3~4h 后掀开检查，找平层覆盖部位与卷材上未见水印，即可铺设隔汽层或防水层。

采用基层处理剂时，其配制与施工应符合下列规定：

1）基层处理剂的选择应与卷材的材性相容；

2）喷、涂基层处理剂前，应用毛刷对屋面节点、园边、转角等处先行涂刷；

3）基层处理剂可采取喷涂法或涂刷法施工。喷、涂应均匀一致，待其干燥后应及时铺贴卷材。

（三）防水卷材的施工工艺

1.沥青防水卷材施工

沥青玛蹄脂（以下简称"玛蹄脂"）由现场配制，配合比及其软化点和耐热度的关系数据应根据试验部门所用原料试配后确定。在施工中按确定的配合比严格配料，每工作班均应检查与玛蹄脂耐热度相应的软化点和柔韧性。

冷玛蹄脂使用时应搅匀，稠度太大时可加少量溶剂稀释搅匀。采用叠层铺贴沥青防水卷材的粘贴层厚度：冷玛蹄脂宜为 0.5~1mm；面层厚度：冷玛蹄脂宜为 1~L5mm。玛蹄脂应涂刮均匀，不得过厚或堆积。铺贴立面或大坡面卷材时，玛蹄脂应满涂，并尽量减少卷材短边搭接。

卷材在铺贴前应保持干燥，应预先将表面的撒布料清扫干净，避免损伤卷材；在无保温层的装配式屋面上，应沿屋面板的端缝先单边点粘一层卷材，每边的宽度不应小于 100mm，或采取其他能增大防水层适应变形的措施，然后再铺贴屋面卷材；选择不同胎体和性能的卷材复合使用时，高性能的卷材应放在面层；铺贴卷材时，应随刮涂玛蹄脂随滚铺卷材，并展平压实；采用空铺、点粘、条粘第一层卷材或第一层为打孔卷材时，在檐口、屋脊和屋面的转角处及突出屋面的交接处，卷材应满涂玛蹄脂，其宽度不得小于 800mm。

卷材铺贴检查合格后，并将防水层表面清扫干净，再进行沥青防水卷材保护层的施工。用云母或蛭石做保护层时，应先筛去粉料，再随刮涂冷玛蹄脂，随撒铺云母或蛭石。撒铺应均匀，不得露底，待溶剂基本挥发后，再将多余的云母或蛭石清除；用水泥砂浆做保护层时，表面应抹平压光，并应设表面分格缝，分格面积宜为 1m²；用块体材料做保护层时，宜留设分格缝，其纵横间距不宜大于 10m，分格缝宽度不宜小于 20mm；用细石混凝土做保护层时，混凝土应振捣密实，表面抹平压光，并应留设分格缝，其纵横缝间距不宜大于 6m；水泥砂浆、块体材料或细石混凝土保护层与防水层之间，应设置隔离层；水泥砂浆、块体材料或细石混凝土保护层与女儿墙之间应预留宽度 30mm 的缝隙，并用密封材料嵌填严密。

沥青防水卷材在雨天、雪天施工，五级风及其以上时严禁施工，环境气温低于 5℃

时不宜施工。施工中途下雨时，应做好已铺卷材周边的防护工作。

2. 高聚物改性沥青防水卷材施工

高聚物改性沥青防水卷材施工一般可采用热熔法施工。热熔法是用火焰加热器熔化卷材底层的改性沥青胶后，直接与基层粘贴，铺贴时不需涂刷胶黏剂。

火焰加热器的喷嘴距卷材面的距离应适中，幅宽内加热应均匀，以卷材表面熔融至光亮黑色为度，不得过分加热卷材。厚度小于3mm的高聚物改性沥青防水卷材，严禁采用热熔法进行施工。

卷材表面热熔后，应立即滚铺卷材，滚铺时应排除卷材下面的空气，使之平展并粘贴牢固。搭接缝部位宜以溢出热熔的改性沥青为度，溢出的改性沥青宽度以2mm左右并均匀顺直为宜。当接缝处的卷材有铝箔或矿物粒（片）料时，应清除干净后再进行热熔和接缝处理。铺贴卷材时应平整顺直，搭接尺寸准确，不得扭曲。采用条粘法时，每幅卷材与基层粘结面不应少于两条，每条宽度不应小于150mm。

立面或大坡面铺贴高聚物改性沥青防水卷材时，应采用满粘法，并宜减少短边搭接。

高聚物改性沥青防水卷材保护层的施工应符合下列规定：

采用浅色涂料做保护层时，应待卷材铺贴完成，并经检验合格、清扫干净后涂刷，涂层应与卷材粘结牢固，厚薄均匀，不得漏涂；用水泥砂浆做保护层时，表面应抹平压光，并应设表面分格缝，分格面积宜为用块体材料做保护层时，宜留设分格缝，其纵横间距不宜大于10m.分格缝宽度不宜小于20mm；用细石混凝土做保护层时，混凝土应振捣密实，表面抹平压光，并应留设分格缝，其纵横缝间距不宜大于6m；水泥砂浆、块体材料或细石混凝土保护层与防水层之间，应设置隔离层；水泥砂浆、块体材料或细石混凝土保护层与女儿墙之间应预留宽度为30mm的缝隙，并用密封材料嵌填严密。

高聚物改性沥青防水卷材，在雨天、雪天施工，五级风及其以上时严禁施工；环境气温低于5℃时不宜施工。施工中途下雨、下雪，应做好已铺卷材周边的防护工作。

3. 合成高分子防水卷材施工

合成高分子防水卷材属中、高档防水材料，主要用于防水等级Ⅰ，Ⅱ，出级的屋面防水，一般采用单层冷粘法或单层热风焊接法施工。

（1）冷粘法铺贴卷材的施工

基层胶粘剂可涂刷在基层或涂刷在基层和卷材底面.涂刷应均匀，不露底，不堆积。卷材空铺、点粘、条粘时，应按规定的位置及面积涂刷胶粘剂。根据胶粘剂的性能，控制胶粘剂涂刷与卷材铺贴的间隔时间。

铺贴卷材不得皱折，也不得用力拉伸卷材，应排除卷材下面的空气，提压粘贴牢固。铺贴的卷材应平整顺直，搭接尺寸准确，不得扭曲。卷材铺好压粘后，将搭接部位的粘合面清理干净，并采用与卷材配套的接缝专用胶粘剂，在搭接缝粘合面上涂刷均匀，不露底，不堆积。根据专用胶粘剂性能，应控制胶粘剂涂刷与粘合间隔时间，并排除缝间的空气，辊压粘贴牢固。搭接缝口应采用材性相容的密封材料封严，卷材搭接部位采用胶粘带粘结时，粘合面应清理干净，必要时，可涂刷与卷材及胶粘带材性相容的基层胶粘剂，撕去胶粘带隔离纸后，应及时粘合上层卷材，并辊压粘牢。低温施工时，宜采用热风机加热，使其粘贴牢固、封闭严。

（2）焊接法和机械固定法铺设卷材的施工

对热塑性卷材的搭接缝宜采用单缝焊或双缝焊，焊接应严密；焊接前，卷材应铺放平整、顺直，搭接尺寸准确，将焊接缝的结合面应清扫干净，应先焊长边搭接缝，后焊短边搭接缝；卷材采用机械固定时，固定件应与结构层固定牢固，固定件间距应根据当地的使用环境与条件确定，并不宜大于 600mm。距周边 800mm 范围内的卷材应满粘。

合成高分子防水卷材保护层的施工，详见高聚物改性沥青防水卷材保护层施工的有关规定。

合成高分子防水卷材，在雨天、雪天施工，五级风及其以上时严禁施工；环境气温低于 5℃时不宜施工，施工中途下雨、下雪，应做好已铺卷材周边的防护工作。

二、刚性防水屋面的施工

刚性防水屋面是用细石混凝土、补偿收缩混凝土、块体刚性材料等刚性材料等作屋面的防水层。刚性防水屋面主要适用于防水等级为Ⅲ级的屋面防水，也可用作Ⅰ，Ⅱ级屋面多道防水设防中的一道防水层。

刚性防水层不适用于受较大振动或冲击的建筑屋面。刚性防水层适应位移变形的能力很小，而屋面结构的位移是不可避免的。因此，对于防水层来讲只有采取相应的措施，加以有效的防治、开裂和拉裂才可以有效地得到基本控制和避免，刚性防水层构造主要包括分格缝设置，分格缝构造，屋面节点，隔离层设置混凝土防水层与混凝土内配筋设置。刚性防水层内严禁埋设管线，施工环境气温宜为 5℃~35℃，并应避免在负温度或烈日暴晒下施工。

（一）材料要求

防水层的细石混凝土宜用普通硅酸盐水泥或硅酸盐水泥，不得使用火山灰质硅酸盐水泥；当采用矿渣硅酸盐水泥时，应采取减少泌水性的措施。水泥标号不得低于425 号，水泥贮存时，应防止受潮，存放期不得超过三个月。当超过存放期限时，应重新检验确定水泥强度等级。受潮结块的水泥不得使用。防水层的细石混凝土中，粗骨料的最大粒径不宜大于 15mm，含泥量不应大于 1%；细骨料应采用中砂或粗砂，含泥量不应大于 2%，拌和水采用不含有害物质的洁净水。

防水层的细石混凝土宜掺外加剂（膨胀剂、减水剂、防水剂）以及掺和料、钢纤维等材料，并应用机械搅拌和机械振捣，防水层细石混凝土使用的外加剂，应根据不同品种的适用范围、技术要求选择。外加剂应分类保管，不得混杂，并应存放于阴凉、通风、干燥处，运输时应避免雨淋、日晒和受潮。

防水层内配置的钢筋宜采用冷拔低碳钢丝，无锈蚀、油污。

（二）设计要点

刚性防水屋面应采用结构找坡，坡度宜为 2%~3%。天沟、檐沟应用水泥砂浆找坡，找坡厚度大于 20mm 时，宜采用细石混凝土。

细石混凝土防水层的厚度不应小于 40mm，并应配置直径为 4~6mm、间距为 100~200mm 的双向钢筋网片；钢筋网片在分格缝处应断开，其保护层厚度不应小于 10mm。

刚性防水层应设置分格缝。分格缝内应嵌填密封材料。防水层的分格缝应设在屋面板的支承端、屋面转折处、防水层与突出屋面结构的交接处，并应与板缝对齐。

普通细石混凝土和补偿收缩混凝土防水层的分格缝，其纵横间距不宜大于 6m。补偿收缩混凝土的自由膨胀率应为 0.05%~0.1%。

刚性防水层与山墙、女儿墙以及突出屋面结构的交接处应留缝隙，并应做柔性密封处理。细石混凝土防水层与基层间宜设置隔离层。

（三）细部构造

普通细石混凝土和补偿收缩混凝土防水层，分格缝的宽度宜为 5~30mm，分格缝内应嵌填密封材料，上部应设置保护层。

刚性防水层与山墙、女儿墙交接处，应预留宽度为 30mm 的缝隙，并应用密封材料嵌填；泛水处应铺设卷材或涂膜附加层。卷材或涂膜的收头处理，详见卷材防水的规定。

刚性防水层与变形缝两侧墙体交接处应留宽度为 30mm 的缝隙，并应用密封材料嵌填；泛水处应铺设卷材或涂膜附加层；变形缝中应填充泡沫塑料，其上填放衬垫材料，并应用卷材封盖，顶部应加扣混凝土盖板或金属盖板。

伸出屋面管道与刚性防水层交接处应留设缝隙，用密封材料嵌填，并应加设卷材或涂膜附加层；收头处应固定密封。

（四）施工工艺

1. 普通细石混凝土防水层施工

混凝土水灰比不应大于 0.55，每立方米混凝土的水泥和掺和料用量不应小于 330kg，砂率宜为 35%~40%，灰砂比宜在 1：2 和 1：2.5 之间。细石混凝土防水爱中的钢筋网片，施工时应放置在混凝土中的上部。分格条安装位置应准确，起条时，不得损坏分格缝处的混凝土；当采用切割法施工时，分格缝的切割深度宜为防水层厚度的四分之三。普通细石混凝土中掺入减水剂、防水剂时，应准确计量，投料顺序得当，搅拌均匀。混凝土搅拌时间不应少于 2min，混凝土运输过程中，应防止漏浆和离析；每个分格板块的混凝土应一次浇筑完成，不得留施工缝；抹压时，不得在表面洒水、加水泥浆或撒干水泥混凝土收水后应进行二次压光。防水层的节点施工应符合设计要求。预留孔洞和预埋件位置应准确；安装管件后，其周围应按设计要求嵌填密实，混凝土浇筑后，应及时进行养护，养护时间不宜少于 14d；养护初期，屋面不得上人。

2. 补偿收缩混凝土防水层施工

补偿收缩混凝土的水灰比、每立方米混凝土水泥最小用量、含砂率和灰砂比，应符合普通细石混凝土防水层中的规定。分格缝和节点施工，参见普通细石混凝土防水层的具体要求。用膨胀剂拌制补偿收缩混凝土时，应按配合比准确计量；搅拌投料时，膨胀剂应与水泥同时加入，混凝土搅拌时间不得少于 3min。每个分格板块的混凝土应一次浇筑完成，不得留施工缝；抹压时，不得在表面洒水、加水泥浆或撒干水泥，混凝土收水后应进行二次压光。补偿收缩混凝土防水层应及时进行养护，养护时间不宜少于 14d；养护初期，屋面不得上人。

3. 钢纤维混凝土.防水层施工

钢纤维混凝土的水灰比宜为 0.45-0.50；砂率宜为 40%~50%；每立方米混凝土的水泥和掺和料用量宜为 360~400kg；混凝土中的钢纤维体积率宜为 0.8%~1.2%。钢纤维混凝土宜采用普通硅酸盐水泥或硅酸盐水泥。粗骨料的最大粒径宜为 15mm，且不大于钢纤维长度的 2/3；细骨料宜采用中粗砂。钢纤维的长度宜为 25~50mm，直径宜为 0.3~0.8mm，长径比宜为 40~100。钢纤维表面不得有油污或其他妨碍钢纤维与水泥浆粘结的杂质，钢纤维内的粘连团片、表面锈蚀及杂质等不应超过钢纤维质量的 1%。钢纤维混凝土的配合比应经试验确定，其称量偏差不得超过以下规定：

钢纤维：土 2%；粗、细骨料：±3%；水泥或掺和料：±2%；水：土 2%；外加剂：±2%。

钢纤维混凝土宜采用强制式搅拌搅拌，当钢纤维体积率较高或拌和物稠度较大时，一次搅拌量不宜大于额定搅拌量的 80%。搅拌时，宜先将钢纤维、水泥、粗细骨料干拌 1.5min，再加入水湿拌，也可采用在混合料拌和过程中加入钢纤维拌和的方法。搅拌时间应比普通混凝土延长 1~2min。钢纤维混凝土拌和物应拌和均匀，颜色一致，不得有离析、泌水、钢纤维结团现象。钢纤维混凝土拌和物 . 从搅拌机卸出到浇筑完毕的时间不宜超过 30min。运输过程中应避免拌和物离析，如产生离析或坍落度损失，可加入原水灰比的水泥浆进行二次搅拌，严禁直接加水搅拌。浇筑钢纤维混凝土时，应保证钢纤维分布的均匀性和连续性，并用机械振捣密实。每个分格板块的混凝土应一次浇筑完成，不得留施工缝；钢纤维混凝土振捣后，应先将混凝土表面抹平，待收水后再进行二次压光，混凝土表面不得有钢纤维露出。

钢纤维混凝土防水层应设分格缝，其纵横间距不宜大于 10m，分格缝内应用密封材料嵌填密实。钢纤维混凝土防水层应及时进行养护，养护时间不宜少于 14d；养护初期屋面不得上人。

三、涂抹防水屋面施工技术

涂膜防水屋面主要适用于防水等级为Ⅲ级、Ⅳ级的屋面防水，也可用作Ⅰ级、Ⅱ级屋面多道防水设防中的一道防水层。

涂膜防水对基层的要求同卷材防水层对基层的有关规定。

（一）一般规定

防水涂膜应分遍涂布，待先涂布的涂料干燥成膜后，方可涂布后，遍涂料，且前后两遍涂料的涂布方向应相互垂直。

需铺设胎体增强材料时，当屋面坡度小于 15%，可平行屋脊铺设；当屋面坡度大于 15% 应垂直于屋有铺设，并由屋面最低处向上进行。胎体增强材料长边搭接宽度不得小于 50mm，短边搭接宽度不得小于 70mm。采用两层胎体增强材料时，上、下层不得垂直铺设，搭接缝应错开，其间距不应小于幅宽的三分之一。涂膜防水层的收头，应用防水涂料多遍涂刷或用密封材料封严。

涂膜防水层在未做保护层前，不得在防水层上进行其他施工作业或直接堆放物品。

（二）高聚物改性沥青防水涂膜施工

1. 基层处理

屋面基层的干燥程度，应视所选用的涂料特性而定。当采用溶剂型、热熔型改性沥青防水涂料时，屋面基层应干燥、干净。

屋面板缝处理应符合下列规定：

（1）板缝应清理干净，细石混凝土应浇捣密实，板端缝中嵌填的密封材料应粘结牢固、封闭严密。无保温层屋面的板端缝和侧缝应预留凹槽，并嵌填密封材料。

（2）抹找平层时，分格缝应与板端缝对齐、顺直，并嵌填密封材料。

（3）涂膜施工时，板端缝部位空铺附加层的宽度宜为 100mm。

基层处理剂应配比准确，充分搅拌，涂刷均匀，镯盖完全，干燥后方可进行涂膜施工。

2. 施工要点

高聚物改性沥青防水涂膜施工应符合下列规定：

（1）防水涂膜应多遍涂布，其总厚度应达到设计要求和遵守《屋面工程技术规范》的规定。

（2）涂层的厚度应均匀，且表面平整。

（3）涂层间夹铺胎体增强材料时，宜边涂布边铺胎体；胎体应铺贴平整，排除气泡，并与涂料粘结牢固。在胎体上涂布涂料时，应使涂料浸透胎体，覆盖完全，不得有胎体外露现象。最上面的涂层厚度不应小于 L0mm。

（4）涂膜施工应先做好节点处理，铺设带有胎体增强材料的附加层，然后再进行大面积涂布。

（5）屋面转角及立面的涂膜应薄涂多遍，不得有流淌和堆积现象。

当采用细砂、云母或线石等撒布材料做保护层时，应筛去粉料。在涂布最后一遍涂料时，应边涂布边撒布均匀，不得露底，然后进行辊压粘牢，待干燥后将多余的撒布材料清除。当采用水泥砂浆、块体材料或细石混凝土做保护层时，应符合本规范第 5.5.6 条 4 款至 8 款的规定。

高聚物改性沥青防水涂膜，在雨天、雪天施心五级风及其以上时严禁施工。溶剂型涂料施匚环境气温宜为 -5℃~35℃；水乳型涂料施匚环境气温宜为 5℃~35℃；热熔型涂料施工环境气温不宜低于 -10℃。

（三）合成高分子防水涂膜施工

1. 基层处理

屋面基层应干燥、干净、无孔隙、起砂和裂缝。屋面板缝处理同上。

2. 施工要点

合成高分子防水涂膜施工，除了应符合高聚物改性沥青防水涂膜施工的规定外，尚应符合下列要求：

（1）可采用涂刮或喷涂施工。当采用涂刮施工时，每遍涂刮的推进方向宜与前一遍相互垂直。

（2）多组分涂料应按配合比准确计量，搅拌均匀，已配成的多组分涂料应及时使用。配料时，可加入适量的缓凝剂或促凝剂来调节固化时间，但不得混入已固化的涂料。

（3）在涂层间夹铺胎体增强材料时，位于胎体下面的涂层厚度不宜小于 1mm，最上层的涂层不应少于两遍，其厚度不应小于 0.5mm。

合成高分子防水涂膜，在雨天、雪天、五级风及其以上时严禁施工。溶剂型涂料施工环境气温宜为－5%~35℃；乳胶型涂料施工环境气温宜为 5℃~35℃；反应型涂料施工环境气温宜为 5℃~35℃。

（四）聚合物水泥防水涂膜施工

1. 基层处理

屋面基层应平整、干净，无孔隙、起砂和裂缝。屋面板缝处理同上。

2. 施工要点

聚合物水泥防水涂膜施工，除了应符合高聚物改性沥青防水涂膜施工的规定外，尚应有专人配料、计量，搅拌均匀，不得混入已固化或结块的涂料。当采用浅色涂料做保护层时，应待涂膜干燥后进行，当采用水泥砂浆、块体材料或细石混凝土做保护层时，参见卷材防水保护层的有关规定。

聚合物水泥防水涂膜，在雨天、雪天、五级风及其以上时严禁施工；聚合物水泥防水涂料的施工环境气温宜为 5℃~35℃。

四、屋面接缝防水

屋面接缝密封防水适用于屋面防水工程的密封处理，并与刚性防水屋面、卷材防水屋面、涂膜防水屋面等配套使用。密封防水部位的基层应符合下列要求：

基层应牢固，表面应平整、密实，不得有裂缝、蜂窝、麻面、起皮和起砂现象；

嵌填密封材料前，基层应干净、干燥；

对嵌填完毕的密封材料，应避免碰损及污染；固化前不得踩踏。

（一）材料要求

采用的背衬材料应能适应基层的膨胀和收缩，具有施工时不变形、复原率高和耐久性好等性能。背衬材料的品种有聚乙烯泡沫塑料棒、橡胶泡沫棒等。采用的密封材料应具有弹塑性、粘结性、施工性、耐候性、水密性、气密性和位移性。

密封材料的贮运、保管应符合下列两种规定：

1）密封材料的贮运、保管应避开火源、热源，避免日晒、雨淋，防止碰撞，保持包装完好无损；

2）密封材料应分类贮放在通风、阴凉的室内，环境温度不应高于500℃。

进场的改性石油沥青密封材料抽样复验应符合下列两种规定：

1）同一规格、品种的材料应每2t为一批，不足2t按照一批进行抽样；

2）改性石油沥青密封材料物理性能，应检验耐热度、低温柔性、拉伸粘结性和施工度。

进场的合成高分子密封材料抽样复验应符合下列两种规定：

1）同一规格、品种的材料应每1t为一批，不足1t按照一批进行抽样；

2）合成高分子密封材料物理性能，应检验拉伸模贵、定伸粘结性和断裂伸长率。

（二）改性石油沥青密封材料防水施工

密封防水施工前，应检查接缝尺寸，符合设计要求后，方可进行下道工序施工。背衬材料的嵌入可使用专用压轮，压轮的深度应为密封材料的设计厚度，嵌入时，背衬材料的搭接缝及其与缝壁间不得留有空隙，基层处理剂应配比准确，搅拌均匀。采用多组分基层处理剂时，应根据有效时间确定使用量。

基层处理剂的涂刷宜在铺放背衬材料后进行，涂刷应均匀，不得漏涂。待基层处理剂展干后，应立即嵌填密封材料。

改性石油沥青济封材料防水施工应符合下列两种规定：

1）采用热潮法施工时，应由下向上进行，尽鼠减少接头。垂直于屋脊的板缝宜先浇灌，同时在纵横交叉处宜沿平行于屋脊的两侧板缝各延伸浇灌130mm，并留成斜槎。密封材料熬制及浇灌温度应按不同材料要求严格控制。

2）采用冷嵌法施工时，应先将少数密封材料批刮在缝槽两侧，分次将密封材料嵌填在缝内，并防止窜入空气。接头应采用斜槎。

改性石油沥青密封材料，在雨天、雪天、五级风及其以上时严禁施工；施工环境气温宜为 0℃~35℃。

（三）合成高分子密封材料防水施工

密封防水施工前，应检查接缝尺寸，符合设计要求后，方可进行下道工序施工。合成身分子密封材料防水施工应符合下列八种规定：

1）单组分密封材料可直接使用。多组分密封材料应根据规定的比例准确计量，拌和均匀。每次拌和后、拌和时间和拌和温度，应按所用密封材料的要求严格控制。

2）密封材料可使用挤出抢或腻子刀嵌填，嵌填应饱满，不得有气泡和孔洞。

3）采用挤出枪嵌填时，应根据接健的宽度选用口径合适的挤出嘴，均匀挤出密封材料嵌填，并由底部逐渐充满整个接缝。

4）一次嵌填或分次嵌填应根据密封材料的性能确定。

5）采用腻子嵌填时，同改性石油沥青密封材料防水施工的有关规定。

6）密封材料嵌填后，应在表干前用腻子刀进行修整。

7）多组分密封材料拌和后，应在规定时间内用完，未混合的多组分密封材料和未用完的单组分密封材料应密封存放。

8）嵌填的密封材料表干后，方可进行保护层施工。

合成高分子密封材料，在雨天、雪天、五级风及其以上时严禁施工；溶剂型密封材料施工环境气温宜为 0℃~35℃，乳胶型及反应固化型密封材料施工环境气温宜为 5℃~35℃。

五、其他屋面的施工

（一）保温隔热屋面

保温隔热屋面适用于具有保温隔热要求的屋面工程。当屋面防水等级为Ⅰ级、Ⅱ级时，不宜采用蓄水屋面。

屋面保温可采用板状材料或整体现喷保温层，屋面隔热可采用架空、蓄水、种植等隔热层。封闭式保温层的含水率，应相当于该材料在当地自然风 F 状态下的平衡含水率。架空屋面宜在通风较好的建筑物上采用；不宜在寒冷地区采用。蓄水屋面不宜在寒冷地区、地震地区和振动较大的建筑物上采用。种植屋面应根据地域、气候、建筑环境、建筑功能等条件，选择相适应的屋面构造形式，对正在施工或施工完的保温隔热层应采取保护措施。

1. 材料要求

现喷硬质聚氨酯泡沫塑料的表观密度宜为 $35\sim40kg/m^3$，导热系数小于 0.030W/m·K，压缩强度大于 150kPa，闭孔率大于 92%。

架空隔热制品及其支座材料的质量应符合设计要求及有关材料标准。

蓄水屋面应采用刚性防水层，或在卷材、涂膜防水层上再做刚性复合防水层；卷材、涂膜防水层应采用耐腐蚀、耐霉烂、耐穿刺性能好的材料。

种植屋面的防水层应采用耐腐蚀、耐霉烂、防植物根系穿刺、耐水性好的防水材料；卷材、涂膜防水层上部应设置刚性保护层。

进场的保温隔热材料抽样数量,应按使用的数量确定,同一批材料至少应抽样一次。进场后的保温隔热材料物理性能应检验下列两个项目：

①板状保温材料：表现密度，压缩强度，抗压强度；

②现喷硬质聚第酯泡沫如料应先在试验室试配，达到要求后再进行现场施工。

保温隔热材料的贮运、保管应符合下列两项规定：

①保温材料应采取防雨、防潮的措施，并应分类堆放，防止混杂；

②板状保温材料在搬运时应轻放，防止损伤断裂、缺棱掉角，保证板的外形完整。

2. 保温层施工

（1）板状材料保温层施工应符合下列四项规定：

①基层应平整、干燥和干净；

②干铺的板状保温材料，应紧靠在需保温的基层表面上，并应铺平垫稳；

③分层铺设的板块上、下层接缝应相互错开，板间缝隙应采用同类材料嵌填密实；

④粘贴板状保温材料时，胶粘剂应与保温材料材性相容，并应贴严、粘牢。

（2）整体现喷硬质聚氨酯泡沫塑料保温层施工应符合下列四项规定：

①基层应平整、干燥和干净；

②伸出屋面的管道应在施工前安装牢固；

③硬质聚氨酯泡沫物料的配比应准确计量，发泡厚度均匀一致；

④施工环境气温宜为 15℃ ~30℃，风力不宜大于三级，相对湿度宜小于85%。

干铺的保温层可在负温度下施工；用有机胶粘剂粘贴的板状材料保温层，在气温

低于 -10℃时不宜施工，用水泥砂浆粘贴的板状材料保温层，在气温低于 5℃时不宜施工，雨天、雪天和四级风及其以上时严禁施工，当施工中途下雨、下雪时，应采取遮盖措施。

3. 架空屋面施工

架空隔热层施工时，应将屋面清扫干净，并根据架空板的尺寸弹出支座中线。在支座底面的卷材、涂膜防水层上，应采取加强措施。铺设架空板时，应将灰浆刮平，随时扫净屋面防水层上的落灰、杂物等，保证架空隔热层气流畅通。操作时，不得损伤已完工的防水层，架空板的铺设应平整、稳固；缝隙宜采用水泥砂浆或混合砂浆嵌填，并应按设计要求留变形缝。

4. 蓄水屋面施工

蓄水屋面的所有孔洞应预留，所设置的给水管、排水管和溢水管等，应在防水层施工前安装完毕。每个蓄水区的防水混凝土应一次浇筑完毕，不得留施工缝；立面与平面的防水层应同时做好。蓄水屋面采用卷材防水层施工的气候条件，应符合卷材防水层施工中对环境温度的规定。蓄水屋面的刚性防水层完工后，应及时养护，养护时间不得少于 14d。蓄水后不得断水。

5. 种植屋面施工

种植屋面挡墙（板）施工时，留设的泄水孔位置应准确，不得堵塞。施工完的防水层，应按相关材料特性进行养护，并进行蓄水或淋水试验，平屋面宜进行蓄水试验，其蓄水时间不应少于 24h；坡屋面宜进行淋水试验。经蓄水或淋水试验合格后，应尽快进行介质铺设及种植工作。介质层材料和种植植物的质（重）量应符合设计要求，介质材料、植物等应均匀堆放，并不得损坏防水层植物的种植时间，应根据植物对气候条件的要求确定。

6. 倒置式屋面施工

施工完的防水层，应进行落水或淋水试验，合格后方可进行保温层的铺设。板状保温材料的铺设应平稳，拼缝应严密。保护层施工时，应避免损坏保温层和防水层。当保护层采用卵石铺压时，卵石的质（重）量应符合设计规定。

（二）瓦屋面

当屋面为坡屋面时，宜采用瓦屋面。

平瓦屋面适用于防水等级为 Ⅱ 级、Ⅲ 级、Ⅳ 级的屋面防水，油毡瓦屋面适用于防水等级为 Ⅱ 级、Ⅲ 级的屋面防水，金属板材屋面适用于防水等级为 Ⅰ 级、Ⅱ 级、Ⅲ 级的屋面防水。

平瓦、油毡瓦可铺设在钢筋混凝化或木基层上，金属板材可直接铺设在檩条上。平瓦、油毡瓦屋面与山墙及突出屋面结构的交接处均应做泛水处理。在大风或地震地区，应采取措施使瓦与屋面基层固定牢固。

瓦屋面在雨天、雪天、五级风及其以上时严禁施工。油毡瓦的施工环境气温宜为5℃~35℃。瓦屋面完工后，应避免屋面受物体冲击。严禁任意上人或堆放物件。

1. 材料要求

（1）平瓦及其脊瓦的质量及贮运、保管应符合下列规定：

①平瓦及其脊瓦应边缘整齐.表面光洁，不得有分层、裂纹和露砂等缺陷，平瓦的瓦爪与瓦槽的尺寸应准确；

②平瓦运输时，应轻拿轻放，不得抛扔、碰撞，进入现场后应堆垛整齐。

（2）油毡瓦的质量及贮运、保管应符合下列规定，

①油毡瓦应边缘整齐，切槽清晰，厚薄均匀，表而无孔洞、楞伤、裂纹、折皱和起泡等缺陷；

②油毡瓦应在环境温度不高于45℃的条件下保管，避免雨淋、日晒、受潮，并注意通风和避免接近火源，

（3）金属板材的质量及贮运、保管应符合下列规定：

①金属板材应边缘整齐，表面光滑，色泽均匀，外形规则，不得有扭翘、脱膜和锈蚀等缺陷；

②金属板材堆放地点宜选择在安装现场附近，堆放场地应平坦、坚实且便于排除地面水。

各种瓦的规格和技术性能，应符合国家现行标准的要求。进场后应进行外观检验，并按有关规定进行抽样复验。

2. 瓦屋面的施工

（1）平瓦屋面的施工

在木基层上铺设卷材时，应自下而上平行屋脊铺贴，搭接顺流水方向。卷材铺设时，应压实铺平，上部工序施工时，不得损坏卷材。

挂瓦条间距应根据瓦的规格和屋面坡长确定。挂瓦条，或铺钉平整、牢固，上棱应成一直线。

平瓦应铺成整齐的行列，彼此紧密搭接，并应瓦样落槽，瓦脚挂牢，瓦头排齐，檐口应成一直线。脊瓦搭盖间距应均匀；脊瓦与坡面瓦之间的缝隙，应采用掺有纤维的混合砂浆填实抹平；屋脊和斜脊应平直，无起伏现象。沿山墙挑檐的一行瓦，宜用

1：2.5的水泥砂浆做出坡水线，将瓦封固。铺设平瓦时，平瓦应均匀分散堆放在两坡屋面上，不得集中堆放。铺瓦时，应由两坡从下向上同时对称铺设。

在基层上采用泥背铺设平瓦时，泥背应分两层铺抹，待第一层干燥后再铺抹第二层，并随铺平瓦。在混凝土基层上铺设平瓦时，应在基层表面抹1：3水泥砂浆找平层，钉设挂瓦条挂瓦。当设有卷材或涂膜防水层时，防水层应铺设在找平层上，当设有保温层时，保温层应铺设在防水层上。

（2）油毡瓦屋面施工

油毡瓦的木基层应平整。铺设时，应在基层上先铺一层卷材垫毡，从槽口往上用油毡钉铺钉，钉帽应盖在垫毡下面，垫毡搭接宽度不应小于50mm。

油毡瓦应自檐口向上铺设，第一层瓦应与檐口平行，切槽向上指向屋脊；第二层瓦应与第一层叠合，切槽向下指向熔口，第三层瓦应压在第二层上，并露出切槽。相邻两层油毡瓦其拼缝及瓦槽应均匀错开。每片油毡瓦不应少于4个油毡钉，油毡钉应垂直钉入，钉帽不得外露油齿瓦表面，当屋面坡度大于15%时，应增加油毡钉或采用沥青胶粘贴。

铺设脊瓦时，应将油毡瓦切梢剪开，分成四块作为脊瓦，并用两个油毡钉固定；脊瓦应顺年最大频率风向搭接，并应搭盖住两坡面油毡瓦接缝的三分之一；脊瓦与脊瓦的压盖面，不应小于脊瓦面积的二分之一。

屋面与突出屋面结构的交接处，油毡瓦应铺贴在立面上，其高度不应小于250mm。住屋面与突出屋面的烟囱、管道等交接处，应先做二毡三油防水层，待铺瓦后再用高聚物改性沥青卷材做单层防水。在女儿墙泛水处，油毡瓦可沿基层与女儿墙的八字坡铺贴，并用镀锌薄钢板覆盖，钉入墙内预埋木砖上，泛水上口与墙间的缝隙应用密封材料封严。在混凝土基层上铺设油毡瓦时，应在基层表面抹1:3水泥砂浆找平层，铺设卷材垫毡和油毡瓦。

当与卷材或涂膜防水层复合使用时，防水层应铺设在找平层上，防水层上再做细石混凝土找平层，然后铺设卷材垫毡和油毡瓦。

当设有保温层时，保温层应铺设在防水层上，保温层上再做细石混凝土找平层，然后铺设卷材垫毡和油毡瓦。

（3）金属板材屋面施工

金属板材应用专用吊具吊装，吊装时，不得损伤金属板材。

金属板材应根据板型和设计的配板图铺设，铺设时应先在檩条上安装固定支架，板材和支架的连接，应按所采用板材的质鼠要求确定。铺设金属板材屋面时，相邻两块板应顺年最大频率风向搭接；上、下两排板的搭接长度应根据板型和屋面坡长确定，并应符合板型的要求，搭接部位用密封材料封严；对接拼缝与外露钉帽应做密封处理，天沟用金属板材制作时，应伸入屋面金属板材下不小于 100mm，当有檐沟时，屋面金属板材应伸入檐沟内，其长度不应小于 50mm；檐口应用异型金属板材的堵头封槽板；山墙应用异型金属板材的包角板和固定支架封严。每块泛水板的氏度不宜大于 2m，泛水板的安装应顺直；泛水板与金属板材的搭接宽度应符合不同板型的要求。

第二节　地下防水施工技术

地下工程都不同程度地受到潮湿环境和地下水的作用，包括地下水对地下工程的渗透作用和地下水中的有害化学成分对地下工程的腐蚀和破坏作用。因此，地下工程必须选择合理有效的防水技术措施，以确保良好的防水效果，满足地下工程的耐久性及使用的要求。地下工程的防水方案，一般可分为三类：

1. 表面防水层防水

即在结构物的外侧增加防水层以达到防水的目的。常用的防水层有水泥砂浆、卷材防水层等。可根据不同的工程对象、防水要求及施工条件选用。

2. 防水混凝土结构防水

依靠防水混凝土结构自身的抗渗性和密实性来进行防水，防水混凝土结构既是承重、围护结构，又是防水层，这种防水方案被广泛地采用。

3. 渗排水防水层防水

即利用盲沟、渗排水层等措施把地下水排走，以达到防水的目的。该方法用于重要的、面积较大的、地下水为上层滞水且防水要求较高的地下建筑。

一、表面防水层防水

（一）水泥砂浆防水层

水泥砂浆防水层防水是一种刚性防水，它是用水泥砂浆和素灰（纯水泥浆）交替抹压涂刷在地下工程表面形成水泥砂浆防水层，依靠水泥砂浆防水层的密实性来达到防水要求。这种防水方法取材容易，成本低，施工方便，适用于地下砖石结构的防水层和防水混凝土结构的加强层，但其抵抗变形的能力比较差，当结构不均匀下沉、受强烈振动荷载或湿度温度变化较大时，容易产生裂缝或剥落。为了克服这一缺陷，因此可以在水泥砂浆中引入聚合物材料对其进行改性，形成聚合物水泥防水砂浆，这极大地提高了密实性及抗拉、抗折和粘结强度，降低了砂浆的干缩率，增强了抗裂性能，扩大了水泥砂浆防水的适用范围。

1. 材料及配比要求

水泥砂浆防水层所采用的水泥为强度等级不低于 32.5 级的普通硅酸盐水泥、矿渣硅酸盐水泥或火山灰质硅酸盐水泥。砂应该选用颗粒坚硬、洁净的粗砂，含泥量不大于 1%。素灰的水灰比宜控制在 0.37~0.4 或 0.55~0.6；水泥砂浆的水灰比宜控制在 0.6~0.65，其灰砂比宜为 122.5，稠度控制在 7~8cm。如果掺加外加剂、采用膨胀水泥，或者采用聚合物水泥砂浆时，其配合比应执行专门的技术规定。

2. 水泥砂浆防水层施工

施工前，对基层进行严格的处理十分重要，这是为了保证防水层与基层表面结合牢固、不空鼓和密实不透水的关键。基层处理包括清理、浇水、刷洗、补平等工作，使基层表面保持潮湿、清洁、平整、坚实、粗糙。

防水层的第一层素灰层，厚 2mm，在基层表面分两次抹成，抹完后用湿毛刷在素灰层表面涂刷一遍。第二层为水泥砂浆层，厚 4~5mm。在第一层初凝时抹上，以保证粘结性。第三层为素灰层，厚 2mm，在第二层凝固并有一定强度、在表面适当洒水湿润后进行。第四层为水泥砂浆层，厚 4~5mm，同第二层的做法。若这一层为最后一层，则应该在水泥砂浆凝固前水分蒸发的过程中，分 2~3 次抹平压光。若用五层防水，则第五层刷水泥浆一遍，随第四层抹平压光。

结构阴、阳角处的防水层，均需要抹成圆角，阴角直径为 50mm，阳角直径为 10mm。防水层的施工缝需用斜坡阶梯形槎，槎的搭接要依照层次顺序层层搭接。留槎的位置可以在地面或墙面上，所留槎均需距离阴阳角 200mm 以上。

二、卷材防水层

卷材防水层防水是一种柔性防水，它是用胶结材料将防水卷材粘贴于需要防水结构的外侧而形成的防水层。目前，地下工程常用的防水卷材为高聚物改性沥青防水卷材和合成高分子防水卷材，该卷材具有质量轻、抗拉强度高、延伸率大、耐候性好、使用温度幅度大、寿命长、耐腐蚀性好以及施工简便、污染小等优点，适用于受侵蚀介质作用或受振动作用、微小变形作用的地下工程的防水。

卷材防水层一般设置在地下结构的外侧，称为外防水，按其与地下防水结构施工的先后顺序分为外防外贴法和外防内贴法两种。

外防外贴法施工是在地下结构墙体做好后，直接将卷材防水层铺贴在外墙外表面上，然后砌筑保护墙，施工程序如下：待混凝土垫层和砂浆找平层施工完毕后，在垫层上砌筑永久性保护墙，墙下铺一层干油毡，墙高不小于底板厚度再加 200~500mm；在永久性保护墙上用石灰砂浆接着砌筑临时保护墙，永久性保护墙和临时保护墙分别用水泥砂浆、石灰砂浆找平；待平层基本干燥后，在底板垫层表面和保护墙上按施工要求铺贴卷材，临时保护墙上的卷材为临时铺贴，应分层临时固定在其顶端，主要为墙面铺贴接槎用；再进行防水结构的混凝土底板和外墙体等主体结构的施工，并做外墙找平层；主体结构完成后，铺贴立面卷材，先贴留出的接槎部位，再分层接铺到要求的高度；卷材铺贴完毕后，及时做好卷材防水层的保护结构。

外防内贴法施工是在地下结构墙体施工前先砌筑保护墙，然后将卷材防水层贴在保护墙上，最后施工地下结构墙体，在地下室墙外侧操作空间很小的情况下，多用外防内贴法。施工程序如下：在混凝土垫层和砂浆找平层施工完毕后，在垫层上砌筑永久性保护墙，墙下铺一层干油毡，永久性保护墙用水泥砂浆找平层；待找平层基本干燥后，在底板垫层表面和保护墙上按施工要求铺贴卷材；卷材铺贴完毕后及时做好卷材防水层的保护层，立面可以抹水泥。

三、防水混凝土结构自防水

防水混凝土结构自防水是以结构混凝土自身的密实性来进行防水。它具有密实度高、抗渗性强、耐腐蚀性好的特点，是目前地下工程防水的主要方法。

（一）防水混凝土分类

1. 普通防水混凝土

普通防水混凝土是通过调整混凝土的配合比来提高混凝土的密实度，以达到提高其抗渗能力的一种混凝土。混凝土是非匀质材料，它的渗水是通过孔隙和裂缝进行的。因此，控制其水灰比、水泥用量和砂率来保证混凝土中砂浆的质量和数量，以抑制孔隙的形成，切断混凝土毛细管渗水通路，从而提高混凝土的密实性和抗渗性能。

水泥标号不宜低于 325，要求抗水性好、泌水性小、水化热低，并具有一定的抗腐蚀性。细骨料要求为颗粒均匀、圆滑、质地坚实、含泥量小于等于 3% 的中粗砂，砂的颗粒级配适宜，平均粒径 0.4mm 左右。粗骨料要求组织密实、形状整齐、含泥量小于等于 1%，颗粒的自然级配适宜，粒径 5~30mm，最大粒径小于等于 40mm，且吸水率不大于 1.5%。

防水混凝土的配合比应根据设计要求和实际使用材料通过试验来选定，且按设计要求的抗渗标号提高 0.2~0.4MPa。混凝土的水泥用量大于 300kg/m³。但也不宜超过 400kg/m³。含砂率以 35%~45% 为宜，灰砂比应为（1：2）-（1：2.5），水灰比不大于 0.55，坍落度不大于 50mm。对于预拌混凝土，入泵坍落度宜控制在 100~140mm。若加掺和料，粉煤灰的级别不应低于二级，掺量小于等于 20%，硅粉掺量小于等于 3%。

2. 外加剂防水混凝土

外加剂防水混凝土是在混凝土中掺入一定的有机或无机的外加剂，用来改善混凝土的性能和结构组成，提高混凝土的密实性和抗渗性，从而达到防水的最终目的。常用的外加剂防水混凝土有三乙醇胺防水混凝土、引气剂防水混凝土、减水剂防水混凝土、氯化铁防水混凝土、补偿收缩混凝土。

3. 新型防水混凝土

防水混凝土作为地下结构的一种主要防水材料，其抗裂性的提高尤为更要。近十多年来逐步发展的纤维抗裂防水混凝土、高性能防水混凝土、聚合物水泥防水混凝土分别以其各自的特性，显著提高了混凝土的密实性和抗裂性。

（二）防水混凝土施工

1. 施工要点

保持施工环境干燥，避免带水施工。模板支牢固，接缝严密不漏浆，固定模板用的螺栓必须穿过混凝土结构时，应该采取止水措施，如可以在螺栓中间加焊 10cm 的方形止水环。

迎水面钢筋保护层厚度不应小于 50mm，钢筋及绑扎钢丝均不得接触模板，不得用垫铁或钢筋头充当混凝土保护层垫块。

混凝土材料用量要严格按配合比计员。防水混凝土应该用机械搅拌，搅拌时间不应少于 120* 掺外加剂的混凝土，其外加剂应用拌和水稀释均匀，不得直接投入，其搅拌时间按技术要求确定。混凝土应分层连续浇筑，每层厚度小于等于 300~400mm，相邻层混凝土浇筑的时间间隔小于等于 2h。浇筑混凝土的自落高度小于等于 1.5m，否则应使用串筒、溜槽或溜管等工具进行。防水混凝土进入终凝（浇筑后 4~6h），就应该覆盖浇水养护 I4d 以上，凡掺早强型外加剂或微膨胀水泥配制的防水混凝土，更应该加强早期养护；防水混凝土不宜采用电热法和蒸汽养护，来避免抗渗性下降。拆模时，防水混凝土的强度等级必须大于设计强度等级的 70%，结构表面温度与周围气温的温差不得超过15℃，地下结构应及时回填，不应长期暴露，以避免因干缩和温差产生裂缝。

2. 施工缝

底板混凝土应连续浇灌，不得留施工缝。墙体一般只允许留设水平施工缝。其位置不应该留在剪力与弯矩最大处或底板与侧壁的交接处，一般宜留在高出底板上表面不小于 200mm 的墙身上。

　　为了使接缝严密，继续浇筑混凝土前，应先将施工缝处混凝土凿毛，清除浮粒和杂物，用水清洗干净并保持湿润，再铺上一层厚 30~50mm 与混凝土成分相同的水泥砂浆，然后继续浇筑混凝土。

第六章　装饰工程施工技术管理

第一节　抹灰工程施工技术

一、一般抹灰施工

施工工艺：包括墙面抹灰和顶板抹灰。

墙面抹灰：基层处理—弹线、找规矩、套方—贴饼、冲筋—做护角—抹底灰—抹罩面灰—抹水泥灰窗台板—抹墙裙、踢脚。

顶板抹灰：基层处理—弹线、找规矩—抹底灰—抹中层灰—抹罩面灰。

（一）内墙一般抹灰

1. 找规矩：四角找方、横线找平、竖线吊直，弹出顶棚、墙裙及踢脚板线。根据图纸设计，如果墙面另有造型时，按图纸要求实测弹线或画线标出。

2. 做标筋：较大面积墙面抹灰时，为了控制设计要求的抹灰层平均总厚度尺寸，先在上方两角处以及两角水平距离之间 1.5m 左右的必要部位做灰饼标志块。可以采用底层抹灰砂浆或是采用横向水平冲筋，横向水平冲筋较有利于控制大面与门窗洞口在抹灰过程中保持平整。

3. 做护角：为了有效防止门窗洞口及墙（柱）面阳角部位的抹灰饰面在使用中容易被碰撞损坏，应采用 1：2 水泥砂浆抹制暗护角，以增加阳角部位抹灰层的硬度和强度。护角部位的高度不应低于 2m, 每侧宽度不应小于 50mm。

4. 底、中层抹灰：在标筋及阳角的护角条做好后，在墙面标筋之间即可进行底层和中层抹灰。底层抹灰凝结后再进行中层抹灰，厚度略高出标筋，然后用刮杠按标筋整体刮平。待中层抹灰面全部刮平时，再用木抹子搓抹一遍，使表面密实、平整。

5. 面层抹灰：待中层砂浆达到凝结程度，即可抹面层，面层抹灰必须保证平整、光洁、无裂痕。

（二）外墙一般抹灰

1. 找规矩：建筑外墙面抹灰同内墙抹灰一样要设置标筋，但因为外墙面自地坪到檐口的整体灰面过大，门窗、雨篷、阳台、明柱、腰线、勒脚等都要横平竖直，而抹灰操作必须是自上而下逐一步架地顺序进行。因此，外墙抹灰找规矩需在四大角先挂好垂直通线，然后于每步架大角两侧选点弹控制线、拉水平通线，再根据抹灰层厚度要求做标志块灰饼以及抹制标筋。

2. 贴分格条：外墙大面积抹灰饰面，为了有效避免罩面砂浆收缩后产生裂缝等不良现象，一股均设计有分格缝，分格缝同时具有美观的作用。

3. 抹灰：目前采用较多的为水泥砂浆，配合比通常为水泥：砂 =1：（2.5~3）。

（三）顶棚一般抹灰

1. 弹线、找规矩：根据标高线，在四周墙上弹出靠近顶板的水平线，作为顶板抹灰的水平控制线。

2. 抹底灰：先将顶板基层润湿，然后刷一道界面剂，随刷随抹底灰。底灰一般用 1：3 水泥砂浆（或 1：0.3：3 水泥混合砂浆），厚度通常为 3~5mm。以墙上水平线为重要依据，将顶板四周找平。抹灰时需用力挤压，使底灰与顶板表面紧密结合。最后用软刮尺刮平，木抹子搓平、搓毛，局部较厚时，应分层抹灰找平。

3. 抹中层灰：抹底灰后紧跟着抹中层灰以保证中层灰与底灰黏结牢固。先从板边开始，用抹子顺抹纹方向抹灰，用刮尺刮平，木抹子搓毛。

4. 抹罩面灰：罩面灰采用 1：2.5 水泥砂浆（或 1：0.3：2.5 水泥混合砂浆），厚度一般为 5mm 左右。待中层灰约六七成干时，在表面上薄薄地刮一道聚合物水泥浆，紧接着抹里面灰，用刮尺刮平，再用铁抹子抹平压实压光，使其黏结牢固。

二、装饰抹灰施工

装饰抹灰主要包括水刷石、斩假石、干粘石和假面砖等，如若处理得当并精工细作，其抹灰层既能保持与一般抹灰的相同功能，又可取得独特的装饰艺术效果。

（一）水刷石装饰抹灰

1. 底、中层抹灰：应按设计规定，一般多采用 1：3 水泥砂浆进行底、中层抹灰，总厚度约为 12mm。

2. 水刷石面层施工：抹水泥石粒浆之前，要等待中层砂浆凝结硬化后，按设计要求弹分格线并粘贴分格条，然后根据中层抹灰的干燥程度适当洒水湿润，用铁抹子满刮水灰比为 0.37~0.40（内掺适员的胶粘剂）的聚合物水泥浆一道，随即抹面层水泥石粒浆。

3. 喷水冲刷：冲水是确保水刷石饰面质量的重要环节之一，如冲洗不净会使水刷石表面色泽晦暗或明暗不一。当罩面层凝结(表面略有发黑，手感稍有柔软但不显指痕)，用刷子刷扫石粒不掉时，即可开始喷水冲刷。喷刷分两遍进行，第一遍先用软毛刷硒水刷掉面层水泥浆露出石粒；第二遍随即用喷浆机或喷雾器将四周相邻部位喷湿，然后由上往下顺序喷水。喷射要均匀，喷头距墙面 100~200mm，将面层表面及石粒间的水泥浆冲出，使石粒露出表面 1／3~1／2 粒径，达到清晰可见的目的。冲刷时要做好排水工作，使水不会直接顺墙面流下。

4. 喷刷完成后即可取出分格条，刷光并清理干净分格缝，并用水泥浆勾缝。

（二）斩假石装饰抹灰

斩假石又称剁斧石，是在水泥砂浆抹灰中层上批抹水泥石粒浆，待其硬化后用剁斧、齿斧及钢凿等工具剁出有规律的纹路，使之具有类似经过雕琢的天然石材的表面形态，即为斩假石（塞假石）装饰抹灰饰面。所用施工工具除一般抹灰常用工具外，还需要具备剁斧（斩斧）、单刃或多刃斧、花锤（棱点锤）、钢凿和尖徘等工具。

三、外墙抹灰工艺

（一）工艺流程

墙面清理—不同材料基体交接处挂网—混凝土面喷浆—浇水湿墙面—吊垂直、套方、抹灰饼、充筋—弹灰层控制线—抹底层砂浆—弹线分格—贴分格条—抹面层砂浆—养护。

（二）外墙抹灰的工艺要点

1. 基层处理。将墙面上残存的砂浆、污垢、灰尘等清理干净，用水浇墙，将砖缝中的尘土冲掉，将墙面润湿。浇水湿润墙面应在抹灰前一天进行，抹灰时墙面不得有明水。

2.挂线、做标志块（灰饼）、冲筋。外墙面抹灰与内墙一样要挂线，做标志块（灰饼）、标筋。但是因为外墙面由檐口到地面抹灰面积大，门窗、阳台、明柱、腰线等面积都要横平竖直，而抹灰操作则必须要一步架一步架往下抹。因此，外墙抹灰找规矩要在四角先挂好自上往下垂直通线（多层及高层楼房应用钢丝线垂下），然后根据大致决定的抹灰厚度。每步架大角两侧弹上控制线，再拉横向水平通线，横向水平线依据实际尺寸 +50cm 线为水平基准线进行交圈控制，并弹水平线，然后按抹灰操作层抹灰饼，每层抹灰时以灰饼做基准冲筋，以保证横平竖直。飘窗侧板、空调侧板、阳台、飘窗板等必须挂自上往下垂直通线。

3.抹底层砂浆。底层砂浆配合比为水泥：砂 =1：3，厚度约 12mm。要用力抹，使砂浆挤入细小缝隙内，分层装档，压实抹平，与冲筋平时，用刮尺垂直水平刮平，不得漏抹，并用木抹子搓毛。然后全面进行质量检查，检查底子灰是否抹平整，阴阳角是否规方整洁，管道后与阴角交接处、墙顶板交接处是否光滑平整，并用 2m 标尺板检查墙面垂直和平整情况。墙的阴角，先用方尺上下核对方正，然后用阴角器上下抽动扯平，使室内四角方正。

4.弹线分格、贴分格条。根据图纸要求弹线分格、粘分格条。分格条采用塑料装饰条制作，粘前应用水充分浸透。粘时在条两侧用素水泥浆抹成45°八字坡形。粘分格条时竖条粘在所弹立线的同一侧，可以防止其左右乱粘，出现分格不均匀的局面。分格条粘好后待底层七八成干后可抹面层灰。

5.抹面层砂浆。面层砂浆配合比为水泥：砂 =1 ：2.5,厚度约 8mm。将底灰墙面浇水均匀湿润，先刮一层薄薄的索水泥浆，随即抹罩面灰与分格条平，并用木杠横竖刮平，木抹子搓毛，铁抹子溜光、压实。待其表面无明水时，用软毛刷能水垂直于地面向同一方向轻刷一遍，以保证面层灰颜色一致，避免出现收缩裂缝。

6.养护。水泥砂浆抹灰常温 24h 后应及时喷水养护。

四、抹灰质量控制与检验标准

1.基层表面的尘土、污垢、油渍等应清除干净。

2.抹灰所用材料的品种、性能和砂浆配合比应符合设计要求。水泥凝结时间和安定性复检应合格。

3.抹灰层与基层之间及各抹灰层之间必须黏结牢固，无脱层、空鼓、面层应无爆灰和裂缝。

4. 抹灰的表面质量：抹灰表面应平整光滑、洁净、接槎平整、颜色均匀，无抹痕，线角和灰线平直、方正，清晰美观。

5. 一般抹灰工程质量的允许偏差和检验方法应符合质量要求。

五、注意事项

1. 检查墙面：用靠尺检查墙面平整情况，对于局部高出部分可作适当剔凿处理，但不得破坏墙内钢筋。对局部低法处，可用 1：2.5 水泥砂浆分层找抹，分层厚度为 6~10mm，找平总厚度不得大于 25mm。对厚度大于 25mm 的抹灰层必须加设网格布，并经质量和技术有关人员进一步论证后方可抹灰。抹灰前必须先进行基层界面处理。

2. 基层界面处理：基层为混凝土的梁、柱、板应对其表面进行"毛化"处理，将光滑的表面清理干净，用 10% 火碱水除去混凝土表面的油污后，将碱液冲洗干净后晾干，采用机械喷涂或用管帚甩上一层水泥浆（内掺用水量 10% 的 108 胶），使其凝固在光滑的基层表面。

3. 必须做标志块（灰饼），不可以用铁钉代替标志块（灰饼）。

4. 砂浆搅拌必须在搅拌机搅拌，并严格按照实训图配合比下料，不能私自在楼面搅拌砂浆。

5. 抹灰砂浆应在搅拌后 3h 内全部用完，每个工作组应根据实际操作情况拌制抹灰砂浆；砂浆必须当天用完，剩余的砂浆第二天不能继续使用。

6. 养护：抹灰 24h 后要及时进行养护，养护采用浇水养护。

7. 成品保护：墙体抹灰后，要注意成品保护，搬运较长的物体要格外注意碰装墙面，必要时可加设护角保护。

第二节 饰面安装施工技术

饰面工程是在墙、柱表面镶贴或安装具有保护和装饰功能的块料而形成的饰面层。块料的种类分为饰面砖和饰面板两大类。

一、饰面砖施工

饰面砖一般在基层上进行粘贴，包括釉面瓷砖、外墙面砖、陶瓷锦砖和玻璃马赛克等。

（一）内墙釉面瓷砖施工

施工工艺：基层处理—抹底子灰—弹线、排砖—贴标志块—选破、浸破—镶贴面砖—面砖勾缝、擦缝及清理。

施工注意事项：

1. 基层处理好后，用 1 ： 3 水泥砂浆或 1 ： 1 ： 4 的混合砂浆打底，打底时要分层进行，每层厚度宜为 5~7mm, 总厚度一般为 10~15mm, 以能找平为准。

2. 排砖时水平缝应与门窗口齐平，竖向应使各阳角和门窗口处为整砖。

3. 为了控制表面平整度，正式镶贴前，在墙上粘废釉面瓷砖作为标志块，上下用拖线板挂直，作为粘贴厚度的依据。

4. 面砖镶贴前，应挑选颜色、规格一致的砖。将面砖清扫干净，放入净水中浸泡 2h 以上，取出待表面晾干或擦干净后方可使用，阴干时间通常为 3~5h 为宜。

5. 铺贴釉面瓷砖宜从阳角开始，先大面，后阴阳角和凹槽部位，并由下向上、由左往右逐层粘贴。

6. 墙面釉面瓷砖用白色水泥浆擦缝，用布将缝内的素浆擦均匀。

（二）外墙面砖施工

施工工艺：基层处理—抹底子灰—弹线分格、排砖—浸砖—贴标准点—镶贴面砖—面砖勾缝、清理。

施工注意事项：

1. 清理墙、柱面，将浮灰和残余砂浆及油渍冲刷干净，再充分浇水润湿，并按设计要求涂刷结合层，再根据不同基本进行基层处理，处理方法同一般抹灰工程。

2. 打底时应分两层进行，每层厚度不应大于 5~9mm, 以防空鼓，设计无要求时底灰总厚度一般为 10~15mm。第一遍抹后扫毛，待六七成干时，涂抹第二遍，随即用木杠刮平，木抹搓毛，终凝后浇水养护。

3. 排砖时水平缝应与门窗口平齐，竖向应使各阳角和门窗口处为整砖。

4. 浸砖与内墙釉面瓷砖相同。

5. 在镶贴前，应先贴若干块废面砖作为标志块，上下用托线板吊直，作为粘接厚度的依据。

6. 找平层经检验合格并养护后，宜在表面涂刷结合层，这样有利于满足强度要求，提高外墙饰面砖粘贴质量。

7. 镶贴应自上而下进行。

8. 勾缝应用水泥砂浆分皮嵌实，并宜先勾水平缝，后勾竖直缝。

二、饰面板施工

饰面板包括石材饰面板、金属饰面板、塑料饰面板、镜面玻璃饰面板等。

（一）石材饰面板施工

石材饰面板一般采用相应的连接构造进行安装，对薄型小规格块材，可采用粘贴方法进行安装。

粘贴方法施工工艺：基层处理—抹底层灰、中层灰—弹线分格—选料、预排—石材粘贴—嵌缝、清理—抛光打蜡。

粘贴石材一般采用环氧树脂胶，先将胶分别涂抹在墙柱面和板块背面上，刷胶要均匀、饱满，然后准确地将板块粘贴于墙上。石材业可用灰浆粘贴，将厚度为 2~3mm 的素水泥浆抹在已湿润的块材上直接进行镶贴。

（二）金属饰面板施工

对于小面积的金属饰面板墙面可采用胶粘贴法施工，胶粘贴法施工时可采用木质骨架。先在木骨架上固定一层细木工板，来保证墙面的平衡度与刚度，然后用建筑胶直接将金属饰面板粘贴在细木工板上，粘贴时建筑胶应涂抹均匀，使饰面板黏结牢固。

面积较大的金属饰面板一般通过卡条、螺栓或自攻螺丝等安装在承重骨架上，骨架通过固定及连接件与基体牢固相连。其施工工艺流程一般如下：

放线—饰面板加工—埋件安装—骨架安装—骨架防腐—保温、吸音层安装—金属饰面板安装—板缝打胶—板面清洁。

第三节　裱糊工程施工技术

裱糊工程中常用的有普通墙纸、塑料墙纸和玻璃纤维墙布。

塑料壁纸的施工工艺：基层处理—安排墙面分幅和画垂直线—裁纸—刷水—刷胶—纸上墙面—对缝—赶大面—整理纸缝—擦净挤出的胶水—壁纸清理修整。

施工注意事项：

（1）基层处理：基层基本干燥，抹灰层含水率不高于 8%,抹灰面表面坚实、平滑、无飞刺、无砂粒；腻子具有一定强度；在刷底胶（用水稀释的 107 胶）时，宜薄而均匀，不留刷痕，待底胶干后才能进行裱糊。

（2）墙面弹垂直线或水平线：当墙纸水平式裱贴时，弹水平线；当墙纸竖向裱贴时，弹垂直线；如果由墙角开始裱糊，那么第一条垂线离墙角的距离应该定在比墙纸宽度小 10~20mm 处，使纸边转过阴角的搭接收口；当遇到门窗等大洞口时，一般以立边分划为宜。

（3）裁纸：根据墙纸规格及墙面尺寸统筹规划裁纸，纸幅应编号，按顺序粘贴。

（4）焖水：必须先将墙纸在水槽中浸泡几分钟，或刷胶后叠起静置 10min,然后再裱糊,

（5）墙纸的粘贴：墙面和墙纸各刷胶粘剂一遍，阴阳角处应增涂胶粘剂 1~2 遍，刷胶要求薄而均匀，墙面涂刷胶粘剂的宽度应比墙纸宽 20~30mm；先贴长墙面，后贴短墙面；贴每条纸均先对花、对纹拼接由上而下进行，上端不留余量，先在一侧对缝以保证墙纸粘贴垂直，后对花纹拼接到底压实后，再抹平整张墙纸；当采用搭口拼缝时，要待胶粘剂干到一定程度后，再用刀具；粘贴的墙纸应与挂镜线、门窗贴脸板和踢脚板紧接，不得留有缝隙；墙纸粘贴后，若发现空鼓、气泡，则用针刺放气，再用注射针挤进胶粘剂用刮板刮平压密实。

（1）面层材料和辅助材料的品种、级别、性能、规格、花色必须符合设计、产品技术标准与现行施工验收规范的要求，并符合建筑内装修设计防火有关规定。

检验方法：检查产品证书和现场材料验收记录。

（2）壁纸墙布必须黏结牢固，无空鼓、翘边、皱折等缺陷。

检验方法：观察检查。

（1）表面平整，无波纹起伏。壁纸、墙布与挂镜线、贴脸板和踢脚板紧接，无缝隙；色泽一致，无斑污，正斜视无胶痕，无明显压痕。

检验方法：观察检查。

（2）各幅拼接应横平竖直，图案端正，拼缝处图案花纹相吻合，距墙 1m 处正视不显拼缝，阴角处搭接顺光，阳角无接缝，角度方正，边缘整齐无毛边。

检验方法：观察检查。

（3）裱糊与挂镜线、贴脸板、踢脚板、电气槽盒等交接处应交接严密，无缝隙，无漏贴和补贴，不糊盖需拆卸的活动件，活动件四周及挂镜线、贴脸板、踢脚板等处

边缘切割整齐、顺直，无毛边。

检验方法：观察检查。

（4）玻纤壁纸、无纺布及锦缎裱糊应使表面平整挺秀，拼花正确，图案完整，连续对称，无色差、无胶痕，面层无飘浮，经纬线顺直。

检验方法：观察检查。

参考文献

[1] 耿立明.建筑机器人在现代建筑施工中的应用实践[J].建筑结构,2022,52（19）:159.

[2] 胡新达,胡雪.建筑施工质量符合性检查工作现状及思考[J].中华建设,2022（09）:58-60.

[3] 王巧东.探讨新型建筑材料在建筑工程中应用分析[J].建筑工人,2022,43（08）:23-28.

[4] 熊登杰.现代建筑工程施工管理的创新举措研究[J].中国招标,2022（08）:103-105.

[5] 高延生,李泽昊.现代房屋建筑地基基础工程施工技术探究[J].新疆有色金属,2022,45（06）:101-102.

[6] 郭宁.现代高层建筑幕墙施工技术研究[J].工程建设与设计,2022（14）:213-215.

[7] 候雅东,陈庚德,陈亮.建筑施工中桩基施工技术的应用探析[J].建筑与预算,2022（07）:65-67.

[8] 尚伟.浅析当代建筑工程技术要点及其管理控制[J].建材与装饰,2019（27）:140-141.

[9] 资伟.现代建筑技术管理存在的问题与对策探讨[J].居舍,2018（28）:14.

[10] 胡洁.建筑工程标准化管理分析[J].建材与装饰,2017（26）:201-202.

[11] 姚云燕.论房屋建筑工程施工技术管理措施[J].工程技术研究,2017（05）:151-152.

[12] 张金珠,袁美琴.土木工程施工管理和质量控制的探究[J].住宅与房地产,2017（15）:247+281.

[13] 杨东澍.西安仿古建筑的现代技术应用与表达[D].山东建筑大学,2017.

[14] 丁凯东.当下建筑技术条件下的砖建筑研究[D].天津大学,2017.

[15] 陆都.企业技术管理水平提升策略研究[J].中国高新技术企业,2016（28）:177-178.

[16] 刘赟 . 建筑施工企业现场安全管理存在的问题及对策 [D]. 西安理工大学 ,2016.

[17] 陈杰 . 浅析现代施工技术管理 [J]. 中外企业家 ,2016（09）:75-76.

[18] 苏高峰 . 建筑工程施工技术管理分析 [J]. 江西建材 ,2016（02）:268+273.

[19] 武丽娟 . 加强现代建筑工程技术管理 , 提升建筑企业经营管理能力 [J]. 科技与企业 ,2015（13）:61+63.

[20] 王元元 . 浅谈建筑工程技术管理 [J]. 新经济 ,2014（29）:87.